U0570861

人一生不可不做的
50件事

问 道 编著

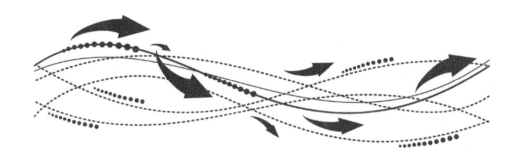

光明日报出版社

图书在版编目（CIP）数据

人一生不可不做的 50 件事 / 问道编著 . -- 北京：光明日报出版社，2011.6
（2025.4 重印）

ISBN 978-7-5112-1143-9

Ⅰ.①人… Ⅱ.①问… Ⅲ.①人生哲学—通俗读物 Ⅳ.① B821-49

中国国家版本馆 CIP 数据核字 (2011) 第 066303 号

人一生不可不做的 50 件事

REN YISHENG BUKE BUZUO DE 50 JIAN SHI

编　著：问　道

责任编辑：温　梦　　　　　　　　　责任校对：映　熙
封面设计：玥婷设计　　　　　　　　责任印制：曹　净

出版发行：光明日报出版社
地　　址：北京市西城区永安路 106 号，100050
电　　话：010-63169890（咨询），010-63131930（邮购）
传　　真：010-63131930
网　　址：http://book.gmw.cn
E - mail：gmrbcbs@gmw.cn
法律顾问：北京市兰台律师事务所龚柳方律师

印　　刷：三河市嵩川印刷有限公司
装　　订：三河市嵩川印刷有限公司
本书如有破损、缺页、装订错误，请与本社联系调换，电话：010-63131930

开　　本：170mm×240mm
字　　数：200 千字　　　　　　　　印　张：15
版　　次：2011 年 6 月第 1 版　　　印　次：2025 年 4 月第 4 次印刷
书　　号：ISBN 978-7-5112-1143-9-02

定　　价：49.80 元

PREFACE
前 言

　　每个人的生命都是有限的，但在这有限的生命中，很多人都没有认真思考过自己的生活。

　　人们忙碌着，却不知自己在忙什么，为什么而忙。盲目地忙碌，盲目地生活，不知不觉，时间已经流逝。因为盲目，所以茫然，不知道今天将怎样结束，明天将怎样继续。他们不能很好地掌控生命中数不清的大事小事，反而被这些大事小事所牵制，现实的生活因此而显得本末倒置，人生的旅途因此而显得忙乱、局促。

　　你很可能就是这些人中的一员。如果你只想做一个平庸的人，浑浑噩噩地过一生，如果你生活在一个慢节奏的时代，可以男耕女织、自给自足地悠闲度日，那么所有的问题都将不复存在。但现实的状况并非如此，我们生活在快节奏的现代社会，社会在向你要价值、老板在向你要效率、家庭在向你要生活的保障和品质。生存的压力越来越大，个人的发展步履维艰。是社会太残酷了吗？是竞争太激烈了吗？不是，我们已经生在了这个时代，这是任何人都无法改变的事实，无法改变大的环境。如若改变，就必须改变自己，更何况，在我们每个人的身体里，都流着强者的血液，整个人类就是在不断适应新环境的过程中，战胜了其他物种，在地球上生存下来，并成为万物的灵长。我们作为人类的一员，应该秉承这种精神，主动适应环境，在适应的过程中成为强者，在环境的磨炼中得以发展。

　　那么，我们要靠什么去适应，靠什么去发展呢？靠从学校里学来的数理化、文史哲知识吗？那只是极小的一个部分。想要获得成功，想要得到幸福，还要靠智慧、靠能力、靠方法、靠经验。有了这些，你就不会再盲目地忙碌，人生的目标和路径可以从此清晰起来；有了这些，你就能够不被竞争压垮，轻松地走向成功；有了这些，你就可以不再孤独、痛苦，生活的品质将会得到提升，幸福和快乐也会接踵而来。

所以，为了实现梦想，成为举世瞩目的成功人士，为了得到幸福，成为健康快乐的聪明人，你必须继续学习，从生活中学习，从经验中学习，也从有益的书籍中学习。

《人一生不可不做的 50 件事》就是这样一本对你的成功和幸福有所帮助的书。本书精选了人生要做的最重要的 50 件事，对其进行深刻剖析，让读者在经典的故事和精辟的讲述中重新认识和思考人生。一方面，它从性格、情绪、心态、习惯、教育、形象、人脉、压力、机遇等方面引领你参悟人生的智慧，掌控生命中的关键问题，从这个角度讲，它是一本人生经验和智慧全集；另一方面，它从规划力、思考力、应变力、领导力、行动力、学习能力等方面帮助你培养关键能力，为成就事业、实现理想打好基础，从这个角度讲，它是一本能力提升手册；另外，它还从自身权益、防身之术、游历、娱乐、保健、婚姻、生活方式等方面向你介绍了人生要懂的事和必备的本领，从这个角度讲，它又是一本日常生活指南书。

这 50 件事是思想的电光火石，是智慧的高度浓缩，是立身处世的法则，是生活求索的启迪。

如同夜空中的北极星为人指明方向一样，这 N 件事会给你迷茫的心灵带来安慰，为你平凡的命运带来惊喜。

古人说："授人以鱼，只供一餐；授人以渔，可享一生。"

掌控自己的人生，实现自己的梦想，获得梦寐以求的幸福，没有固定、唯一的准则，但只要你掌握了本书所阐述的解决问题的原则与方法，便能以不变应万变，轻松应对任何问题。

本书的两大特点是可读性和实用性。可读性表现在它既不像教材那样枯燥无味，又不像某些励志书那样用煽动性的语言吸引读者的眼球。本书的语言平实而质朴，但又极其生动有趣，力求让读者在轻松的阅读中得到有益的启示。实用性表现在对每一件要做的事，它都提供了做事的方法和可行性方案，这些方法讲述得十分具体细致，不会出现模棱两可的句子和模糊的表述，力求让读者在读书之后能真正掌握一些实用的方法和技巧。

我们衷心希望，本书介绍的 50 件事能够帮助你提高智慧、增长才干、完善人格，指引你打造一个完美的人生。

CONTENTS
目 录

　　当今社会，信息就像空气一样，充斥在人的周围。这些信息是一种廉价的情报，其中可能潜藏着机会的形迹，也可能暴露出问题的端倪。只有善于搜集和利用信息的人，才能从信息中挖掘出对自己有利的东西，从而运筹帷幄、决胜千里。

　　判断力就像敏锐的嗅觉，它能够帮助人"嗅"出成功的味道，判断成功的位置。沿着准确判断指明的方向前行，就能避免错误和弯路，安全快速地到达目的地。

　　人格就是力量，在一种更高的意义上说，这句话比知识就是力量更为正确。正因为如此，一个人的人格魅力才会在困境的砥砺中焕发出迷人的魅力，并激发出感染别人的能量。历练人格魅力，是每个人的一种责任。

　　金子埋在地下，永远都不会发光。这个世界上从来就不缺少有才华的人，缺少的是能将才华展现给伯乐的人。

　　行动是实现梦想的梯子，双手插兜的人永远也爬不上去，行动不一定能实现梦想，但不行动一定无法实现梦想。

　　合作者的素质决定了合作的质量和成效，找对合作者，就会产生1+1＞2的奇迹，选错合作者，就可能造成"三个和尚没水喝"的尴尬局面，所以，找到一个优秀的合作者是合作成功的大前提。

　　"高效"是一种"集约型"的做事方式——以尽可能少的时间投入实现尽可能多的成果产出，这种方式是赢得时间的手段，也是获取成功的法宝。

　　智者和愚人都可能犯错，区别在于：愚人不知反思，他们一再重复犯错，智者善于自省，他们及时纠错，并永不再犯。

　　卓越的领导力意味着有机会成为受人瞩目的领袖人物，带领团队创造最大绩效，实现最高价值。培养领导力，就是为成为"首领"和核心人物做好准备。

　　世界上没有分身术，我们只能驻足在某个地方，然而我们的影响力却可以无处不在。影响力能够在人的身边形成巨大的磁场，把他人的注意力集中到自己的身边，并促使他人的意见和行为向自己希望的方向转变。

　　即使穿着同样的服饰，高贵的公主也很容易在仆人群中被人认出，这是因为卓尔不群的气质让她焕发出迷人的魅力，显得出类拔萃，与众不同。

　　好莱坞流传着这样一句话：成功并不在于你会什么，而在于你认识谁。人脉对于个人命运的影响可见一斑。我们都知道，独木难成林，个人的能力、智慧，难免有限，欲求成功必然要寻求他人的帮助。你的"人脉网"的质量，在很大程度上关系着你的未来。

　　人心就是一泓深潭，里面游动着哪些生物，谁也说不清楚。本质永远不像表象那么简单：欢笑并不一定代表高兴，流泪并不一定代表伤心，鞠躬并不一定代表感谢，拍手并不一定代表赞赏……为此，你要学会识别人心，识人的本领是掌控生活主动权的必备武器。

　　苏联作家奥斯特洛夫斯基曾说：要获得真正的友谊并不容易，它需要用忠诚去播种，用热情去灌溉，用原则去培养，用谅解去维护。可见，友谊不是生命力极强的仙人掌，而是一株需要阳光和雨露的植物，只有精心照料，才能开出美丽的花朵。

　　拒绝是一种应变的艺术、巧妙地拒绝，既不会伤人自尊，又给自己留下了回旋的余地，同时也保护了彼此的关系，不致留下裂痕，可谓一举三得。

们通过这种方式实现更多欲望的满足。有克制才会有满足，有忍耐才会有舒适，自律是成就大事者的一项不可或缺的修炼。

秘就在于理财，俗话说：你不理财，财不理你。科学理财，理性消费，能够让穷人变富，让富人更富。

扫码获取
更多资源

第001件事

给自己的人生准确定位

一个人怎样给自己定位，将决定其一生成就的大小。志在顶峰的人不会落在平地，甘心做奴隶的人永远也不会成为主人。

社会如同一列高速前进的火车，有火车头也有车厢，当然也需要座椅，每个人在社会舞台上都有自己的角色需要精心演出。如果你给自己的定位是一个很不起眼的配角，那么，你也就不必去羡慕主角的鲜花与掌声。

■ 定位改变人生

一个乞丐站在一条繁华的大街上卖钥匙链，一名商人路过，向乞丐面前的杯子里投入几枚硬币，匆匆而去。

过了一会儿后，商人回来取钥匙链，对乞丐说："对不起，我忘了拿钥匙链，因为你我毕竟都是商人。"

一晃几年过去了，这位商人参加一个高级酒会，遇见了一位衣冠楚楚的先生向他敬酒致谢，并告诉他说："我就是当初卖钥匙链的那位乞丐。"他生活的改变，得益于商人的那句话。

在商人把乞丐看成商人那一天起，乞丐猛然意识到，自己不只是一个乞丐，更重要的是，还是一个商人。于是，他的生活目标发生很大转变，他开始倒卖一些在市场上受欢迎的小商品，在积累了一些资金后，他买下一家杂货店。由于他善于经营，现在已经是一家超级市场的老板，并且开始考虑开几家连锁店。

这个故事告诉我们：你定位于乞丐，你就是乞丐；你定位于商人，你就是商人。不同的定位成就不同的人生。

一个人能否成功，在某种程度上取决于自己对自己的评价，这种评价有一个通俗的名词——定位。在心中你给自己定位是什么，你就会变成什么，因为定位决定人生，定位能改变一个人的命运。

一件商品、一项服务、一家公司，乃至一个人，都需要正确的定位。

人生重要的是找到自己的位置，并做好这个位置要做的所有事情。坐在自己的位置上，最心安理得，也最长久。

一个准确的人生定位让自己与成功的距离变小，因为找到了一条适合自己的路；一个错误的定位就像指南针不再指示方向一样让你迷茫，有时甚至会发生南辕北辙的事。

因此，我们每个人都不能迷失方向，脱离了正确航道的船舶在大海上到处都充满暗礁，纵然你请多么出色的船长也无法改变它的命运。

■ 学会设计你的人生

哈佛大学 30 多年前曾对当时的在校学生做过一项调查，内容是个人目标的设定情况。调查数据显示，没有目标的人有 27%，目标模糊的人有 60%，短期目标清晰的人有 10%，长期目标清晰的人只有 3%。30 年后哈佛大学研究了这些调查对象的情况，结果发现，第一类人大多生活在社会的最底层，长期在失败的阴影里挣扎；第二类人基本上都生活在社会的中下层，他们没有多大的理想和抱负，整日只知为生存而疲于奔命；第三类人大多进入了白领阶层，他们生活在社会的中上层；只有第四类人，他们为了实现既定的目标，努力拼搏、积极进取、百折不挠，最终成了百万富翁、行业领袖或精英人物。30 年前的目标设定情况决定了他们 30 年后的生活状况。

设定自己的人生目标，就是要设计自己的人生。目标，无论是生活中的小目标，还是人生中的大目标，都需要精心设计。设计会使我们的人生更加完善，而完善的人生一直都是我们所追求的。不论你是知名企业的总裁，还是普通公司的小职员，不论你是已经到了古稀之年，还是正处于花季年华，你都离不开人生设计。

人一生中会做无数次的设计，但如果最大的设计——人生设计没做好，那将是最大的失败。设计人生就是要对人生实行明确的目标管理。如果没有目标，或者目标定位不准确，你的一生必然碌碌无为。做好人生设计，必须把握两点：一是善于总结，二是善于预测。对过去进行总结和对未来进行设计并不矛盾。只有对自己的过去进行好好地思考我们才能得出客观、全面的总结，只有在此总结的基础上我们才能正确地规划我们的未来，定位好我们的人生，我们的人生轨道才不会发生偏离。

■ 找准你的梦想

罗杰·罗尔斯是美国纽约州历史上第一位黑人州长，他出生在纽约州声名狼藉的大沙头贫民窟。这里环境肮脏，充满暴力，是偷渡者和流浪汉的聚集地。在这儿出生的孩子，耳濡目染，他们之中很多人从小就逃学、打架、偷窃甚至吸毒，长大后很少有人从事体面的职业。然而，罗杰·罗尔斯是个例外，他不仅考入了大学，而且成了州长。在就职记者招待会上，一位记者对他提问："是什么把你推向州长宝座的？"面对 300 多名记者，罗尔斯对自己的奋斗史只字未提，只谈到了他上小学时的校长——皮尔·保罗。

1961 年，皮尔·保罗被聘为诺必塔小学的董事兼校长。当时正值嬉皮士流行的时代，他走进大沙头诺必塔小学的时候，发现这儿的穷孩子比"迷惘的一代"还要无所事事。他们不与老师合作，旷课，斗殴，甚至砸烂教室的黑板。皮尔·保罗想了很多办法来引导他们，可是没有一个是有效的。后来他发现这些孩子都很迷信，于是在他上课的时候就多了一项内容——给学生看手相。他用这个办法来鼓励学生。

当罗尔斯从窗台上跳下，伸着小手走向讲台时，皮尔·保罗说："我一看你修长的小拇指就知道，将来你是纽约州的州长。"当时，罗尔斯大吃一惊，因为长这么大，只有他奶奶让他振奋过一次，说他可以成为 5 吨重的渔船的船长。这一次，皮尔·保罗先生竟说他可以成为纽约州的州长，着实出乎他的意料。他记下了这句话，并且相信了它。

从那天起，"纽约州州长"就像一面旗帜，罗尔斯的衣服不再沾满泥土，说话时也不再夹杂污言秽语。他开始挺直腰杆走路，在以后的 40 多年间，他没有一天不按州长的身份要求自己。51 岁那年，他终于成了纽约州州长。

　　梦想从某种意义上来说就是一种自我定位，通过梦想的实现来体现人生的价值。

　　如同儿时大家都做过的命题作文：我的理想是将来当一名医生、警察、老师……这些理想尽管将来会发生一些变更，但正是因为有了这些理想的激励才使得我们的人生斗志昂扬，没有在这条大道上迷失方向。

　　当然，无论你打算如何设计你的未来，你都必须先准确地认识自己。

第 002 件事

准确认识与评价自己

　　"我是谁？"我们会经常这样问自己，许多人的答案都是一个大大的问号。随着科学技术的日益发展，我们不断地了解未知世界，可我们对自身的探索却始终停滞不前。只有了解自己，才能认识整个世界，才能接受世间的一切。

　　人是必须认识自己的，这是我们获得成功的第一黄金定律。只有正确认识自己，我们才能正确规划自己的人生。任何一位成功者，必定对自己有一个清醒而正确的认识。谁若认不清自己，谁就必将成为一个失败者。

■ 建立正确的"自我观"

　　"自我实现"，即"自我观"，是决定人们各自行为方式的重要因素。每个人，无论是聪明或愚蠢，贤良或奸诈，他的表现都是与其当时的"自我观"相符的。没有人会去做一件在当时他认为与自己的身份、年龄、性别、能力以及他本身任何一方面不相宜的事情。就像穿衣服，你会选择和你的年龄、职业相称的服装，讲话时会选择和自己身份相称的词句，甚至外出吃饭也会选择与自己的经济能力相称的场所。总而言之，每个人都会依照他的自我观点，来决定哪些事可以做，哪些不可以做，或是该怎样去做好一件事情。因此别人也就能够根据他通常所表现的行为，对他有所了解和认识。

　　如果某一个人对于自己各方面的印象，都和实际情况颇为接近，也就是说，他有着比较正确的"自我观"，那么他所表现的行为自然会适当得体。相反如果一个人没有正确的"自我观"，就不能很清楚地表现自己独特的一面，而只是成为人群中的一分子，这个人的个人形象明显存在缺憾。缺乏"自我观"的人很难有引人注意的特质，当然更谈不上成功了。

当一个人具备了正确的"自我观"时，他至少成功了一半。如果没有正确的"自我观"，也就没有了自己的生活方式、思考方式，就会无法自我定位，别人一提意见，就会无所适从，惊慌失措。

不同的人有不同的生活方式，别人的人生与自己的人生自然是不同的。自己的人生，掌握在自己的手中，是"辉煌的传奇"还是"人生的悲剧"，全是自己的问题。你没有必要努力想达到某个所谓的标准。"自我观"决定生活方式，形成正确自我观的人已决定了自己的生活方式，就不会在意别人的目光。

■ 认清自己，扬长避短

客观地认识自己当然是困难的，然而作为一个想做一番事业的人，对自己先要有个正确的认识，是一个起码的要求。

你可能解不出那样多的数学难题，或记不住那样多的外文单词，但你在处理事务方面却有特殊的本领，能知人善任、排忧解难，有高超的组织能力；你在物理和化学方面也许差一些，但写小说、诗歌是能手；也许你分辨音律的能力不行，但有一双极其灵巧的手；也许你连一张桌子也画不像，但有一副动人的歌喉；也许你不善于下棋，但有过人的臂力。在认识到自己长处的前提下，如果你能扬长避短，认准目标，抓紧时间把一件工作或一门学问刻苦、认真地做下去，久而久之，自然会结出丰硕的成果。

综观古今中外，凡是事业上取得成就的人，都有一个共同的特点，那就是做最适合自己的事。

爱迪生在校学习时，老师认为他是一个愚笨的孩子，经常责怪他。爱迪生的母亲却发现了自己儿子爱探究的天赋，用心培养他，后来他终于成了发明大王。

国学大师钱钟书，1929 年报考清华大学，数学只得了 15 分，但他的中文和英文成绩均名列前茅，被清华大学外国语言文学系破格录取。此后，他发挥自己的优势，潜心钻研，成了学贯中西的奇才。

　　现代人才学发现，人至少有 146 种类型的才能，而现在的考试制度只能发现其中的 41 种，人的大部分才能并未能很好地被开发和利用。人的潜能如同在地下的石油，只有发现它，把它开采出来，它才能发光发热。

　　即使是那些看起来很笨的人，也许在某些特定的方面会具有杰出的才能。比如，柯南道尔作为医生并不出名，写小说却名扬天下。每个人都有自己的特长，都有自己特定的天赋与素质。如果你选对了符合自己特长的努力目标，就能够成功；如果你没有选对符合自己特长的努力目标，就会埋没自己。

　　很多人的成功，首先得益于他们充分了解自己的长处，根据自己的特长来进行定位。如果不充分了解自己的长处，只凭自己一时的兴趣和想法，那么定位就很不准确，有很大的盲目性。比如歌德就一度没能充分了解自己的长处，树立了当画家的错误志向，害得他浪费了 10 多年的光阴，为此他非常后悔。

　　对于科学人才来说，也有许多自我埋没的现象。爱因斯坦大学时的老师佩尔内教授有一次严肃地对他说："你在工作中不缺少热心和好意，但是缺乏能力。你为什么不学医、不学法律或哲学而要学物理呢？"幸亏爱因斯坦深知自己在理论物理学方面有足够的才能，没有听教授的话。否则，也许我们的物理科学就不会像今天这样了。

　　行业不同，需要的素质与才能也不同。比如，做一个杰出的临床医生，必须具有很好的记忆力；研究理论物理学，抽象思维能力不可少；一个演员必须要有很好的模仿能力和表现欲。每个人的兴趣、才能、素质也是不同的。如果你不了解这一点，没能把自己的所长利用起来，你所从事的行业需要的素质和才能正是你所缺乏的，那么，你将会自我埋没。反之，如果你有自知之明，善于设计自己，从事你最擅长的工作，你就会获得成功。

■ 正确认识和评价自己的途径

　　对每个人来说，要想完全了解自己，并不是一件容易的事情。人的一些复杂的品质，目前还没有办法或工具可以直接度量的。于是人们就得经常利用间接的方式来获得一些对自己的印象。而最普遍的方式，就是利用实际的工作成绩，利用自己与别人相比较的结果，把自己同某个理想的标准相比较，或是根据别人对自己的态度等来进行推断。

1. 在比较中认识自我

要想了解自己，与别人相比较，是一种最简便、有效的途径。每当我们需要知道"我在某方面的情况怎样"时，就很自然地使用这种方法，去判断自己的位置与形象。

我们除了要不时和周围的人相比较之外，还会经常与某些理想的标准相比较。从父母、老师以及各种传播渠道，我们获得了大量的知识与价值观念，并由此融合而成了若干的理想与模范标准。我们知道了很多名人或成功者的事迹，并被教导要以他们为榜样。也就是说，把他们作为比较的对象，以自己能否达到跟他们同样的标准作为衡量成功或失败的尺度。这种现象在我们的日常生活当中屡见不鲜。

与别人相比较的方法虽然简便，但称不上十分理想。只要我们仔细地观察一下，就不难发现它的缺点。首先应该指出的，就是人们很难在真正公平的情况下互相比较。通常人们会认为，同在一个班级的学生，由同一位教师教导，用同样的题目考试，计分标准也没有差别，应该算是公平的了。但是如果我们再认真地分析一下，每一个班级里的学生之间，无论在健康状况、智力水平、家庭环境、个人经历等各个方面都存在差别，有的甚至差别很大，因而学习的成绩必将有所差异。那么这时互相比较的结果，是否完全合理呢？

和理想的标准相比较的方法也是常见的，而且极富教育意义。历史上有许多贤哲、英雄、伟人都是足以为后世所效仿、奉为典范的。不过一般人不会注意到那些伟人贤哲最值得后人效仿的，乃是他们做人的准则、处世的态度、认真治学及做事的精神、不屈服于困难或逆境的勇气等。这恰恰是大家都可以学，也是应当学习的。至于先贤们的丰功伟业，在某一方面的卓越成就，那是历史上的重要事实，不一定是每人所必须做到的。

2. 从人际态度中反馈自我

一个人总是需要跟别人交往、共处的。因而别人对你的态度，相当于一面镜子，你可以从中观测到自身的一些情况。比如某人若是被父母所钟爱，被师长所重视，被朋友所尊重和喜爱，大家都乐于和他交往，愿意和他一起工作或生活，那就表示他一定具备某些令人喜爱的品质。如果他经常被大家推举承担某项工作，或是经常成为周围人们请教的对象，则表明他具备某些才能，或是在某些方面超越了其他的人。反之，如果一个人不被周围的人所重视和喜爱，甚至大家对他有厌恶感，不喜欢与他一起工作或参与其他活动，这虽不足以说明此人满身缺点，但通常情况下，他应当会感到不安，而不得不自我反省一下了。

我们因为看不见自己的面貌，就得照镜子；同样，我们无法准确地衡量自己的人格品质和行为时，就得利用别人对我们的态度和反应，来进行自我判断。一般说来，当对方与自己的关系愈密切时，他的态度也愈有影响力。

由别人的态度反映出来的自我印象，有时也难免被有意歪曲或夸张。由于对方的偏见或是缺乏了解，使其在赞美或批评时，常常与当事者本身情况不尽相符。如果单纯据此来建立自我印象，自然是不适宜的。

当然，这个缺点还是可以弥补的。有缺陷的镜子终究不占多数，如果能多用几面镜子，总是可以看清自己的。同样，有成见的人毕竟是有限的，如果我们能多多与人交往，看看多数人对自己的反应，一般情况下，应该是有助于自我了解的。

3. 用实际成果检验自我

除了根据别人对自己的态度，以及与别人相比较的结果之外，我们还可以凭借本身实际工作的成果来评定自己。由于这种方法有比较客观的事实作为依据，所以通常因此而建立的自我印象也是比较正确的。这里所指的工作是广义的，并不仅限于学业或生产性的行为。由于每个人所具有才能的性质互不相同，如果只是看他们在少数项目上的成就，往往不能全面地衡量一个人的能力与作用。有些时候，一部分人的某些才能或许因得不到施展的机会而被埋没。

第003件事

让自己成为行业的佼佼者

做人可以平凡，但绝不能平庸，既然决定了要做一件事，就要努力将它做到最好，既然进入了某一行业或领域，就要决心让自己成为这一行业的佼佼者。

■ 让"优秀"成为一种习惯

有一位刚刚入学的女研究生，她十分敬佩她的导师——一位在教育研究领域很有名气、成就很高的教授，一次偶然的机会，她了解到了导师成功的秘诀。那是一次开诚布公的长谈，导师向她讲述了自己从一个山沟里的穷孩子成长为优秀学者的经历。

导师说："我的经验可以用一句话来概括，这也是我一直坚持的信念，那就是：习惯性优秀。小的时候，家里穷，和邻居家的孩子们一起捡粪，每次我都要求自己捡到最多，而且我也确实做到了这一点；上学以后，我要求自己成绩最好，分数最高。渐渐地，'优秀'变成了一种习惯性的自我约束。我立志无论做什么，都要成为那一行列中最出色的人，这种信念指导了我的人生。后来，我们村里只有我一个人考上了县里的高中，因为我的成绩最好。毕业后，只有5个人考上了大学，我是其中之一。大学毕业后，有不到10个人考上了研究生，我还是其中之一。由于我是第一名，被公费派往美国留学。再后来的人生道路，就这样一步步继续向前走，于是就有了今天。以后的日子，我还将持有同样的信念，如果我老了，没有力气做研究了，那我也要做一个最幸福的老人。"

女研究生听了之后很受鼓舞，几年之后，她成了教授最得意的弟子，教育研究领域的佼佼者。

"让自己成为行业的佼佼者"，只有抱着这种态度努力工作的人，才有可能取得了不起的成就。

■ 不断学习和补充专业知识

一个颇有魄力的总经理在公司的经理会上问了这样一个问题："一直在公司工作，任职 10 年以上，有了 10 年以上的工作经验的你们，平时不断地锻炼自己、不断地进修了吗？一旦被派往主管职位的时候，有跟外国任何公司一决高下、把工作做好的胆量吗？如果谁有把握，那么请举手。"

发现没有人举手后，他继续说："各位可能是由于谦虚，所以没有举手。到目前，很多深受公司、同行和社会称赞的前辈，都是因为在委以重任时，表现优异。正是由于他们的领导，公司才有现在的发展，他们都是从年轻的时候起，就在自己的工作岗位上不断地进修，不断地磨炼自己，认真学习工作要领。当他们被委以重任时，能够充分发挥自己的力量，带来出色的成果。"

的确，一个人的知识是有限的，能力也是有限的，真正优秀的人清楚，只有在工作岗位上不断地学习，磨炼自己，才能不断提高自己的专业水平和能力。

所以，要想让自己的能力和表现超过其他同行，就必须不断地学习，不断地为自己"充电"。

在职场上奋斗的人的学习有别于学校学生的学习：缺少充裕的时间和心无杂念的专注以及专职的传授人员。要想在当今竞争激烈的商业环境中胜出，就必须学习从工作中吸取经验，探寻智慧的启发以及有助于提升效率的资讯。

1. 在工作中学习

通过在工作中不断学习，你可以避免因无知滋生出自满，影响你的职业生涯。专业能力需要不断提升技能组合以及学习的能力相配合。所以，不论是在职业生涯的哪个阶段，学习的脚步都不能稍有停歇，要把工作视为学习的殿堂。你的知识对于所服务的公司而言可能是很有价值的宝库，所以你要好好自我监督，别让自己的技能落在别人的后面。

2. 努力争取培训的机会

多数企业有自己的员工培训计划，培训的投资一般由企业作为人力资源开发的成本开支。而且企业培训的内容与工作紧密相关，所以争取成为企业的培训对象是十分必要的，为此你要了解企业的培训计划，如周期、人员数量、时间的长短，还要了解企业的培训对象有什么条件，是注重资历还是潜力，是关注现在还是关注将来。如果你觉得自己完全符合条件，就应该主动提出申请，表达渴望学习、积极进取的愿望。老板对于这样的员工是非常欢迎的，同时技能的提升也是你升迁的能力保障。

3. 自己进补抢先机

在公司不能满足自己的培训要求时，也不要闲下来，可以自掏腰包接受"再教育"。当然首选应是与工作密切相关的科目，还可以考虑一些热门的项目或自己感兴趣的科目，这类培训更多意义上被当作一种"补品"，在以后的职场中会增加你的"分量"。

随着知识、技能的发展越来越快，不通过学习、培训进行更新，适应性自然越来越差，而老板又时刻把目光盯向那些掌握新技能、能为公司提高竞争力的人。

所以，为了让自己的能力不断得到提升，尽快在业内的同行中脱颖而出，你必须不断学习，补充专业知识。

■ 比别人多做一点

许多人更愿意找些借口来搪塞，而不是努力成为卓越者。因为人们必须付出巨大的努力才能够成为卓越的人，但是如果只是找个借口搪塞，那可真是不用费什么力气。

你需要付出相当的代价才能让自己变得优秀；如果你想跑得更快、跳得更高，也需付出要更高的代价。一个成功的推销员用一句话总结他的经验："你要想比别人优秀，就必须坚持每天比别人多访问 5 个客户"，"比别人多做一点"，这是事业成功者高于平庸者的秘诀。

著名投资专家约翰·坦普尔顿通过大量的观察研究，得出了一条很重要的真理："多一盎司定律。"他指出，取得突出成就的人与取得中等成就的人几乎做了同样多的工作，他们所做出的努力差别很小——只是"多一盎司"。一盎司只相当于 1/16 磅（约 28 克）。但是，就是这微不足道的一点点区别，却会让你的工作大不一样。

这好比两个人参加马拉松比赛，在奔跑两个小时以后，都已经完成了42 公里的赛程，还有不到 200 米，就将到达终点。当时的情况是，两人都十分劳累、难受。前者选择了放弃，而后者则坚持了下来。相对于他跑过的漫长路程，余下这一段短短的距离所具有的价值和意义是不言而喻的，没有这几步，此前的努力将变得毫无意义；有了这几步，就成了一个马拉松的胜利者。取得中等成就的人只是少跑了几步，不幸的是，那是最有价值的几步。

"多一盎司定律"可以运用到人类努力的每一个领域中。这一盎司把赢家跟一些输家区别开来。

多加一盎司，工作取得的成效可能就大不一样。保质保量完成自己的工作的人，是合格的员工。但如果在自己的工作中再"多加一盎司"，你就可能成为优秀的员工。主动在工作中"多加一盎司"的人，每天都在向人们证明自己更值得信赖，而且自己具有更大的价值。

"成为行业中的佼佼者"，这不仅是一种愿望，也是一种态度，更重要的是，它必须通过有目的、有意识的行动才能实现。要想取得成功，就必须从提高对自己的要求开始，让自己成为行业内的佼佼者，你才能够脱颖而出，赢得他人的关注和社会的认同。

第 004 件事

学习能力是一项重要的生存本领

当今社会，一切都在不断地发展变化之中，而且发展变化的速度在不断加快。扎实的专业基础和较强的学习能力已成为时代的必然要求。现代人，作为站在时代风口浪尖的先锋，必须树立终身学习的观念，不断给自己"镀金"，这样才能适应社会发展的需求，应对未来的挑战。

众所周知，我们赖以生存的知识、技能和车子、房子一样，会随着岁月的流逝不断折旧。美国职业专家指出，现在职业半衰期越来越短，所有高薪者若不学习，无须 5 年就会变成低薪者。当 10 个人中只有 1 个人拥有电脑初级证书时，他的优势是明显的；而当 10 个人中已有 9 个人拥有同一种证书时，那么原来的优势便不复存在。

在风云变幻的职场中，善于创新、充满活力的新人或者经验丰富的业内资深人士不断地涌进你所在的行业或公司，你每天都在与几百万人竞争。因此，你必须不断提升自己的价值，增加自己的竞争优势，学习新知识，并在产业中学到新的技能。否则，你将无法保持现有职位，更别提发展了。每个人都必须具有超前的学习意识和较强的学习能力，唯有如此，才能适应社会的发展需要，成为真正的强者。

■ 学习如逆水行舟，不进则退

只有通过学习，超越以往的表现，我们才能够得到不断的发展。反之，如果我们沉溺于对昔日以及现在表现的自满中，学习以及适应能力的发展便会受到阻碍。工作如逆水行舟，不进则退，不管你曾经多么成功，你都要对职业生涯的成长不断投注心力，如果不这么做，你的工作能力无法有所突破，甚至会惨遭淘汰。

在某个钟表厂，有一位工作非常卖力的工人，他的任务就是在生产线上给手表装配零件。这件事他一干就是 10 年，操作非常熟练，而且很少出差错，几乎每年的优秀员工奖都属于他。

可是后来企业新上了一套完全由电脑操作的自动化生产线，许多工作都改由机器来完成，结果他失去了工作。他本来文化水平就不高，在这 10 年中又没有掌握其他技术，对于电脑更是一窍不通，一下子，他从优秀员工变成了多余的人。

在他离开工厂的时候，厂长先是对他多年的工作态度赞扬了一番，然后诚恳地对他说："其实，引进新设备的计划我在几年前就告诉你们了，目的就是想让你们有个思想准备，去学习一下新技术和新设备的操作方法。你看与你干同样工作的小胡不仅自学了电脑，还找来了新设备的说明书进行研究，现在他已经是车间主任了。我并不是没有给你时间和机会，但你都放弃了。"

从这个故事中我们可以得到一些启示：新设备、新技术、新方法能帮助企业大大提高工作效率，这种更新换代是谁也阻止不了的。如果你不注意更新自己的知识，甚至停止学习，那么最终你只能被淘汰。

没有一个人有骄傲的资本，因为任何人，即使在某一方面的造诣很深，也不能说他已经彻底精通、彻底研究全了。"生命有限，知识无穷"，任何一门学问都是无穷无尽的海洋，都是无边无际的天空……所以，谁也不能认为自己已经达到最高境界，可以停步不前、趾高气扬了。如果是那样的话，则必将很快被同行赶上，被后人超过。

皮特·詹姆斯现在是美国 ABC 晚间新闻的当红主播。在此之前，他曾一度毅然辞去人人艳羡的主播职位，到新闻的第一线去磨炼自己。他做过普通的记者，担任过美国电视网驻中东的特派员，后来又成为欧洲地区的特派员。经过这些历练后，他重新回到 ABC 主播台的位置。此时的他，已由一个初出茅庐的略微有点生涩的小伙子成长为成熟稳健又广受欢迎的主播兼记者。

皮特·詹姆斯最让人钦佩的地方在于，当他已经是同行中的优秀者时，他没有自满，而是选择继续学习，使自己的事业再攀高峰。

一名成功的人无论自己处于职业生涯的哪个阶段，都会把不断学习当成自己的一个重要习惯。因为他清楚自己的知识对于所服务的机构而言是很有价值的，正因为如此，他必须好好自我监督，不能让自己的技能落在时代后头。因此，当你的工作进展顺利的时候，要加倍地努力学习；当工作进展得不顺利，不能达到工作岗位的要求，那你更要加紧自己学习的进度，否则下一个被淘汰的就是你。

■ 不断地为自己"充电"

在我们周围，有很多人认为，学习只是青年时代的事情，只有学校才是学习的场所，自己已经是成年人，并且早已走向社会，因而再没有必要进行学习了。

剑桥大学的一位专家指出："这种看法乍一看，似乎很有道理，其实是不对的。在学校里自然要学习，难道走出校门就不必再学了吗？学校里学的那些东西，就已经够用了吗？"

其实，在学校里学到的东西是十分有限的。工作中、生活中所需要的相当多的知识和技能，课本上都没有，老师也没有教给我们，这些东西完全要靠我们在实践中边摸索边学习。

近 10 年来，人类的知识大约是以每 3 年增加一倍的速度向上提升。知识总量在以爆炸式的速度急剧增长，知识就像产品一样频繁地更新换代，使企业持续运行的期限和生命周期受到最严厉的挑战。据初步统计，世界上 IT 企业的平均寿命大约为 5 年，尤其是那些业务量快速增加和急功近利的企业，如果只顾及眼前的利益，不注重员工的培训学习和知识更新，就会导致整个企业机制和功能老化，成立两三年就"关门大吉"。

根据剑桥大学的一项调查，半数的劳动技能在 1 ~ 5 年内就会变得一无所用，而以前这些技能的淘汰期是 7 ~ 14 年，特别是在工程界，毕业后所学还能派上用场的不足 1/4。

因此，学习已变成随时随地的必要选择。

"流水不腐，户枢不蠹"，这句古话也可以用在人的智力增长上。你只有不断地学习新东西，才能保持思维的灵动，也只有这样，才能跟上时代的步伐，不被淘汰。

系山英太郎，一位在日本政界和商界呼风唤雨的显赫人物，30 岁即拥有了几十亿美元的资产，32 岁成为日本历史上最年轻的参议员。2004 年《福布斯》杂志全球富豪排行榜显示，系山英太郎个人净资产为 49 亿美元，排行第 86 位。他的赚钱秘诀何在？系山英太郎回答道："不断学习是制胜的法宝。"系山英太郎一直信奉"不断学习新东西"的信念，碰到不懂的事情总是拼命去寻求解答。通过推销外国汽车，他领悟到销售的技巧；通过研究金融知识，他懂得如何利用银行和股市让大量的金钱流入自己的腰包……即使后来年龄渐长，系山英太郎仍不甘心被时代淘汰。他开始学习电脑，不久就成立了自己的网络公司，发表他个人对时事问题的看法。即使已近老迈之年，系山英太郎依然勇于挑战新的事物，热心了解未知的领域。

正是凭借不断学习新东西，系山英太郎让自己始终站在时代的潮头之上。所以，如果你想事业有成，如果你想使自己的人生富有意义，就应该像系山英太郎那样，把不断学习新东西作为自己的人生信条。

其实，从某种程度上讲，做人也和机器一样，只要不断地"充电"，即补充新知识，才能源源不断地发挥出自身的全部能量，实现自身的最大价值。

■ 掌握科学有效的学习方法

学习要讲究方法，不讲究方法地死读书，就算读一辈子也不会有任何价值，更谈不上成功了。

下面几种方法，会对你的学习有所帮助。

1. 兴趣法

"好知之不如乐知之"，就是说我们越喜欢某一事物，就越容易接近和接纳它。

兴趣是人们行动的一种动力。只要对某些知识产生兴趣，就会主动去理解、记忆、消化这些知识，并会在这些知识的基础上总结、归纳、推广、运用，从而做到精益求精、推陈出新，从而推动自己向前发展。因此，我们在学习某一知识之前，首先要建立对它的兴趣，以达到掌握的目的。

2. 联系法

自然界中的一切事物都不是孤立的，而是普遍联系的，正如自然界的食物链：兔吃草，而兔又被鹰或狼吃，而鹰和狼死后，其尸体又腐败变质，草吸收其营养成分。在这几种动植物之间，就形成了一个食物链，它们就构成了互相联系的一个整体。如果草绝，则兔就会亡；反之，如果兔多，则草就会被大量食用，当草被食用过多时，兔就不免因缺少食物而亡。这充分说明，自然界的万事万物，是一个普遍联系的整体。

知识，正是人类在长期改造自然界的过程中发现的，因此，各种知识间也是相互联系的。当我们对某一事物缺乏了解和认识时，我们就可以通过与其相联系的其他事物来认识它。

3. 联想法

人类区别于其他动物的根本，就在于人有思维。有了思维，人在自然和社会面前就不是无动于衷、无可奈何的了，而是能够积极地创造条件来解决问题，而联想正是人类思维充分发展的一种象征。

在我们的学习中，联想能使我们更好地掌握知识。

如历史课本中的数字枯燥无味，但是，有些事件是和这些数字紧密联系的。因此，记数字就可以与这些历史事件联系起来，这样就避免了数字之间的相互干扰，同时也增加了学习的趣味性，起到了双重效果。

4. 对比法

在学习中，当两个概念或事物的含义相似时，我们往往容易混淆，而在这个时候，运用对比法就能够弄清楚二者之间的明显区别。也就是说，它们相同的地方我们暂时不讲，我们只比较它们之间不同的地方，这些不同的地方，就是某一事物独具的特征。理解了这些特征，也就抓住了这一事物的本质，从而也就掌握了这一事物的有关知识。

5. 复习法

人的大脑对知识的识记是有一定规律的，教育学家们曾用遗忘曲线做了一个形象的说明，指出如果在你的遗忘之前去复习、巩固它，那它就能迅速恢复并牢固记忆。孔子所说的"温故而知新"，是非常有道理的。

第 005 件事

突破思维定式，锻造你的创新力

常规思维的惯性，又可称之为"思维定式"，这是一种人人皆有的思维状态。当它在支配常态生活时，有某种"习惯成自然"的便利，所以不能说它的作用不好。但是，当面对创新的事物时，如若仍受其约束，就会形成对创造力的阻碍。

■ 思维定式就是创造力自囚的栅栏

众所周知，大象能用鼻子轻松地将 1 吨的重物抬起来，但我们在看马戏表演时却发现，这么巨大的动物，却安静地被拴在一个小木桩上。

因为它们自幼小无力时开始，就被沉重的铁链拴在牢固的铁桩上，这铁桩对幼象而言太沉重了，当时不管它用多大的力气去拉，动也动不了。后来，幼象长大，力气也增加，但只要身边有桩，它总是不敢妄动。

这就是思维定式。长大后的大象，可以轻易将铁链拉断，但因幼时的经验一直留存至长大，所以它习惯地认为"绝对拉不断"（错觉），所以不再去拉扯。从人类来看也是如此——虽被赋予称为"头脑"（无限能力）的最强大的武器，但因自以为是而不用武器，于是徒然浪费"宝物"，实是愚蠢。由此可知，不只是动物，人类也因未排除"固定观念"的偏差想法，而只能以常识性、否定性的眼光来看事物，自以为是地认为"我没有那样的才能"，终于白白浪费大好良机。除了这种静止看待自己的形而上学的错误外，用僵化和固定的观点认识外界的事物，有时也会带来危害。

■ 阻碍我们成功的不是未知，而是已知

也许下面这个故事可以告诉我们为什么会是这样。

这是几年前的一件事。我告诉我儿子，水的表面张力能使针浮在水面上，他那时才10岁。我接着提出一个问题，要求他将一根很大的针投放到水面上，但不得沉下去。我自己年轻时做过这个试验，所以我提示他要利用一些方法，譬如采用小钩子或者磁铁等。他却不假思索地说："先把水冻成冰，把针放在冰面上，再把冰慢慢化开不就得了吗？"

这个答案真是令人拍案叫绝！它是否行得通倒无关紧要，关键一点是：我即使绞尽脑汁想上几天，也不会想到这上面来。经验把我限制住了，思维僵化了，这小伙子倒不落窠白。

我设计的"轻灵信天翁号"飞机首次以人力驱动飞越英吉利海峡，并因此赢得了21.4万美元的亨利·克雷默大奖。但在投针一事之前，我并没有真正明白我的小组何以能在这场历时18年的竞赛中获胜。要知道，其他小组无论从财力上还是从技术力量上来说，实力远比我们雄厚。但到头来，他们的进展甚微，我们却独占鳌头。

投针的事情使我豁然醒悟：尽管每一个对手技术水平都很高，但他们的设计都是常规的。而我的秘密武器是：虽然缺乏机翼结构的设计经验，但我很熟悉悬挂式滑翔以及那些小巧玲珑的飞机模型。我的"轻灵信天翁号"只有70磅（约31千克）重，却有90英尺（约27米）宽的巨大机翼，用优质绳子做绳索。我们的对手们当然也知道悬挂式滑翔，他们的失败正在于懂得的标准技术太多了。

就像当年清王朝的统治者们，因为长期的闭关锁国，接触不到新的知识，造成思维僵化，有人曾告诉慈禧太后说洋人用铁造成船在海上航行，这位统治中国近半个世纪的女人根本不相信，因为在她以往的经验中"铁"只会沉到水里去。

这个事例再一次提醒我们：阻碍我们成功的，不是我们未知的东西，而是我们已知的东西。我们的知识和经验成为囚禁我们思维的枷锁。

■ 突破常规思维

传统的想法会冻结你的心灵，阻碍你的进步，干扰你的创造能力。以

下是对抗传统性思考的方法。

要乐于接受各种创意。要摒弃"不可行"、"办不到"、"没有用"、"那很愚蠢"等思想渣滓。

要主动前进，而不是被动后退。

成功的人喜欢问："怎样才能做得更好？"

想一想，如果公司的经理们总想："今年我们的产品产量已达极限，进一步发展是不可能的。因此，所有工程技术的实验以及设计活动都将永久性地停止。"用这种态度进行管理，即便是强大的公司也会很快衰败下去。

成功的人就像成功的企业一样，他也总是带着问题而生存的。"我怎么才能改进我的表现呢？我如何做得更好？"做任何事情，总有改进的余地，成功者能认识到这一点，因此他总在探索一条更好的道路。

突破常规不仅要求打破传统思维，建立理性的思维，还要求人们敢于幻想。

每一个人都具有想象力，而想象力正是创造力的源泉。将梦境中所见尽量描绘出来，就是一种想象力的运作；发明一样东西或创造一样东西，也都是在发挥想象力。

想象力丰富的人，好奇心会比别人强 10 倍。

一个人如果缺乏好奇心，却想做一位出色的实业家，那是相当困难的。好奇心强烈的人，不但对于吸收新知识抱有高度的热忱，并且经常搜寻处理事物的新方法。因此，一个人如果没有了好奇心，就不可能花心思研究新事物，只是遵循前人的步伐原地踏步而已，更不用说会有惊人的成就出现了。

亨利·福特就是这么一位了不起的人。直到 40 岁，他的生意才获得成功。他没有受过多少正规的教育。在建立了他的事业王国之后，他把目光转向了制造八缸引擎。他把设计人员召集到一起说："先生们，我需要你们造一个八缸引擎。"这些聪明的、受过良好教育的工程师们深谙数学、物理、工程学，他们知道什么是可做的、什么是行不通的。他们以一种宽容的态度看着福特，好似在说："让我们迁就一下这位老人吧，怎么说他都是老板。"他们非常耐心地向福特解释说八缸引擎从经济方面考虑是多么不合适，并解释了为什么不合适。福特并不听取，只是一味强调："先生们，我必须拥有八缸引擎，请你们造一个。"

工程师们心不在焉地干了一段时间后向福特汇报："我们越来越觉得造八缸引擎是不可能的事。"然而，福特先生可不是轻易被说服的人，他坚持说："先生们，我必须有一个八缸引擎，让我们加快速度去做吧。"于是，工程师们再次行动了。这次，他们比以前工作得努力一些了，也投入了更多的时间和资金。但他们对福特的汇报与上次一样："先生，八缸引擎的制造完全不可能。"

然而对于福特，在这位用装配线、每天 5 美元薪水、T 型与 A 型改良了工业的人的字典里，根本不存在"不可能"之说。亨利·福特用炯炯有神的目光注视着大家说："先生们，你们不了解，我必须有八缸引擎，你们要为我做一个，现在就做吧。"猜猜接下来如何？他们制造出了八缸引擎。

老观念不一定对，新想法不一定错，只要打破心理枷锁，突破思维定式，你也会像福特一样成功。

第 006 件事

能搜集并利用信息是成功的素质

现代人生活在一个信息爆炸的时代，在人们的生活中，拥有信息数量多少已经成为机会和财富的象征。人们总是把眼光盯在瞬息万变的社会中，世界正在成为一个巨大的信息交流场，搜集和利用信息，不仅是个人生存的重要本领，也是成功者必备的素质之一。

■ 从细节中发掘信息

信息的获得有多种渠道，其中，从细节中发掘信息，是十分有效且常常被人忽视的一种。

美国有位叫米尔曼的女士，她在生活中常常因一件小事烦心，那就是她的长筒丝袜老是和她作对。因为它们老是往下掉，尤其是在公共场合或在公司上班时，袜子掉下来令她非常尴尬。她想到这种困扰，其他妇女肯定也会有，而且人数不会少。"那我为什么不做这方面的生意呢？"

不久，她就开了一家袜子店，专门卖那些不易滑落的袜子。这家店铺不大，但生意却很好。由于在她的店里，每位顾客平均可在一分半钟内完成交易，而且这里售出的袜子确实使很多妇女摆脱了丝袜滑落带来的尴尬，所以越来越多的人来她的店里买这"不起眼的小东西"。米尔曼成功了，现在她已开了 120 多家分店，分布在美、英、法三国，她自己在 30 出头的年龄，就成为百万富婆。

而另一对美国年轻人，也是从极小的生活琐事中发现了信息，并利用这一信息为自己创造了大量财富。

> 这是一对年轻的夫妇，他们刚刚有了一个小孩。在给小孩喂奶时，他们发现，市场上卖的奶瓶都太大了，8 个月以下的婴儿都无法自己抱住奶瓶吃奶，这往往令小家伙烦躁不安。
>
> 有一天，小宝宝的外祖父——一个工厂电焊产品的检查员，来到他们家，在听到他们的抱怨后，随口说最好在奶瓶两边焊上瓶柄，这样小孩就能双手抓着吃奶了。这句不经意的话，却使这对年轻夫妇灵光闪动，他们有主意了。
>
> 不久，他们设法将圆柱形的奶瓶改制成圆圈拉长后中间空心的奶瓶，投放市场。由于这一改进使得小孩能自己抓住奶瓶吃奶了，一经推出就大受欢迎，在 60 天内卖出了 5 万个奶瓶。他们创业的第一年就收入了 150 万美元。

生活中的许多平凡小事和细枝末节往往很容易被人忽视，其实，信息在很多时候就隐藏在这些小节里，关注细节，你将会有意想不到的收获。

■ 运用间接手段获取信息

信息是有时效性的。在生活中谁能对得到的信息反应得最为敏捷，并迅速采取行动，谁就可能成为赢家。收集信息，有时依靠常规的方法是行不通的。这时，就要多动脑筋，采取灵活、新颖的手段。

> 战国时期，齐国的王后去世之后，朝廷里的很多大臣都在思考一个问题。王后去世了，大王会很快立个新王后。但王宫中佳丽甚多，其中受大王宠爱的就有 7 个。但是到底大王会立谁呢？这可是个难题，但是必须要圆满解决。因为如果有人能知道齐王有意于谁，他就可以向齐王建议册封此人为新王后，齐王必会十分高兴，新王后也会感激他。这样对这个人未来的发展会大有好处。
>
> 怎样才能知道齐王心中的人呢？时任相国的孟尝君田文也在思考着这个问题。
>
> 有一天，吃饭的时候，孟尝君还在想着这个问题。忽然，他的目光在夫人那对漂亮的大耳环上停了下来。"有了！"他禁不住喊出声来。
>
> 夫人吃了一惊："你怎么了？"
>
> 孟尝君回过神来，说："你赶快派人去给我做 7 对上等玉耳环，不惜工本，

都要像你自己的耳环这么好。其中有一对还要格外精美些!"

　　两天后,7 对耳环都做好了,五颜六色的都有,每只都很精美。其中一对翡翠色的耳环,晶莹剔透,格外漂亮。孟尝君见了,非常高兴,他立刻就拿着耳环兴冲冲地进了王宫。

　　孟尝君向齐王行了礼,然后拿出耳环,对他说:"臣昨天得到 7 对玉耳环,都很精美,特来献给大王。请大王过目!"说完,他还特意拿出那对翡翠色的玉耳环给齐王欣赏。

　　齐王也很喜欢这些耳环,他称赞了一番,爽快地收下了。君臣二人闲聊了一阵,孟尝君就告辞回府了。

　　第二天,孟尝君夫人按孟尝君的安排去拜访王妃们,玩了一整天才回来。晚上,她悄悄地告诉丈夫,那对翡翠色的耳环戴在杨妃的耳朵上了。

　　第三天早晨,孟尝君上朝,出班奏道:"王后仙逝时日已久,后宫不可长期无后。臣听说杨妃才德过人,建议大王立为王后!"

　　"准奏。"齐王爽快地答应了。

　　孟尝君看出,齐王心里很高兴,他自己心里当然更高兴。

　　孟尝君不愧是宰相之才,为了摸清齐王心中的隐秘,他并没有直接去找齐王或宫中人物刺探消息,而是想法让齐王自己显示出来,通过旁敲侧击的方法,得到了自己需要的信息。

　　这个故事对我们的启示是:在搜集信息的时候,如果"直接询问"这条大路走不通,不妨转一个弯,用一点灵活机智的小手段,也许会更有成效。

■ 培养搜集信息的好习惯

　　在工作和生活中,要想将有用的信息集中起来为自己的成功服务,就必须养成搜集信息的好习惯,那么我们应当从哪些方面着手培养这些好习惯呢?

　　1. 主动去关心信息

　　我们应当主动去"关心"信息,因为这是搜集信息的一个好方法。例如,在大街上,当你听到消防车喇叭声大作时,你会问:"哪里失火了?哪里出现了紧急情况吗?"只有主动询问,你才能立刻了解到哪里出现了事故。当看到街头上围了一大群人,你要走上前挤进去,才能看得见那里发生了什么事。因为,要掌握一件事情的真相,光有好奇心是不够的,还要尽可能地亲身经历或亲眼所见。要搜集资讯，就必须主动出击，抢先获取第一手资料。

当然，我们还应当培养自己判断信息价值的能力，这样，才能在浩如烟海的信息世界里找到对自己有用的信息。

2. 建立个人信息网络

建立个人信息网络的重要性在于：当你想要哪一类资讯时，你立刻可以找到能提供这方面信息的人；当你想得到最具权威性的资料时，马上有人为你提供最为科学的建议。怎样来建立你的信息讯网呢？可以先以你的知交良朋、同一母校的校友、同时进入公司的同事、上各类培训班时认识的学员、同行业里认识的朋友为基础，逐渐扩大你的信息网络。若善加利用，这个网络将是你一生中最为宝贵的财富之一。

3. 要善于"套"情报

用对信息的保密程度来划分，人不外乎两类：缄默型和主动传播型。当知道一项内部资讯时，主动传播型的人，不用你去问，他都会跑来告诉你整个事情的始末，并且会添油加醋；而缄默型，则会三缄其口，不随意传话。

对缄默型的人，你要想办法从他们的嘴里"套"出话来。你不能开门见山，要旁敲侧击。而对主动传播型，无论他说给你什么，你都要很有兴趣地听完，而不要对自认为有价值的就认真听，觉得没用的就提不起精神。否则，以后他就不会再告诉你什么东西了。

4. 不要随便传播所得情报

一般的，在对方信任你的情况下，才会告诉你内部参考、内幕消息和独家机密，而且他们往往都会叮嘱你"千万不要告诉别人"。如果你把这些别人知道的事情随便告诉了其他人，一旦传到了当初告诉你的那个人耳中后，以后你再也不能从他那里得到什么有价值的资讯了。

5. 你也要适当透露情报给别人

光是别人给你提供信息情报，你却不给别人透露一些他想要的资讯，这样的关系是不可能长久的。你必须提供令对方满意的情报，别人才会给你需要的信息。

第007件事

敏锐的判断力为成功保驾护航

一个人如果希望成功，就千万不要有优柔寡断、犹豫不决的毛病，而应有一种坚决的意志。他必须在做事之前完全打定主意，即使遇到任何阻碍，出现一点错误，也不可就此回过头来，生起怀疑的念头。当我们遇到一件棘手或困难之事时，应该先仔细地思考，做出正确的判断，然后再打定主意。等到做出决定之后，就不要再有怀疑和顾虑了，也不要去管别人的意见，只要竭尽全力去做就可以了。

有些人不是没有建功立业的能力，只因他们的判断力太差，所以最终导致不能取得成功。他们做人永远不能自主，非有人在旁扶持不可，即使遇到任何一点小事，也得东奔西走地去和亲友邻人商量，同时脑子里更是胡思乱想，弄得自己一刻不宁。

没有判断力的人，往往使一件事情无法开场，即使开场了，也无法进行。他们的一生，大半都消耗在没有主见的怀疑之中，这种人就是有了成功的能力，也永远不会达到成功的目的。

■ 准确判断自己想要的生活

当下海热遍布全国时，你奋不顾身地下海；当出国风光时，你挤破头也要走出国门镀点金；当公务员热兴起时，你又忙着考公务员……忙忙碌碌的生活，看似充实，实则空虚不堪。

在选择之前，我们不妨先冷静地问一下自己：我究竟想干什么？

世界上没有一片叶子和别的叶子相同，更没有一个人与别人完全一样。认真做自己，就必须找到自己与他人不一样的地方，即独特之处。而且，这种发掘还不能靠他人，而只能靠自己去寻找，因为谁也不会比你更了解自己。

> 周丽认识一位小学老师，她从大学毕业后就想要教书，但是因为不是师范系统的大学毕业生，当时没有找到教书的机会，她便到日本留学，攻读教育硕士学位。刚回国时，她一时还找不到教职，就到一家公司担任日文秘书，很得老板的信任，待遇也相当好，但是她仍不放弃想要教书的念头。后来她去参加教师考试，考取后立刻辞去了秘书的工作。
>
> 教书的薪水不如她担任秘书的薪水，同时，让周丽不解的是，以她的学历绝对可以去教高中，为什么要去教小学呢？
>
> 可是她很坚定地说："我就是因为喜欢小孩子才选择这个工作呀。"
>
> 有一回周丽碰到她，问她近来如何。她马上很兴奋地告诉周丽："今天刚上过体育课。我也跟小朋友一起爬竹竿，我几乎爬不上去，全班的小朋友在底下喊：'老师加油！老师加油！'我终于爬上去了，这是我自己当学生的时候都做不到的事呢。"

这是一个多么快乐的好老师。而如果她因为薪水或是其他因素而违背自己的愿望，选择做个秘书或者到年龄层比较高的学校教书，还会不会这么快乐呢？

每个人都追求成功，那么你如何为"成功"下定义？很多人以为成功与否是由别人来评价的。实际上，你的成功与否只有你自己能做评判。绝对不要让其他人来定义你的成功，只有你能决定你要成为什么样的人、做什么事，只有你知道什么能使你满足、什么令你有成就感。

准确的判断力是成功的第一前提，你必须明确自己想要什么，有了目标，才能尽最大的努力争取，不要让你的努力偏离方向。

■ 敏锐的判断力来自细致的观察

> 高尔基有一次和两个作家朋友到一家饭店就餐。坐定之后，他建议来一

次观察比赛。大家约定对新进来的一位顾客进行瞬间观察，然后分别说一说观察所得印象，看谁说得最准确、最细致。不一会儿，一位顾客推门而入。高尔基凝神注视了一下后，很快就掌握了他的主要特征：脸色苍白，身穿黑色衣服，一双手细长而且发红。作家安德烈耶夫看得十分马虎，连衣服的颜色也说不对。而另一作家布宁却观察得十分准确、细致，不仅看到他身穿黑色衣服，而且看到他佩戴着一条带小花的领带；不仅看到他双手细长且发红，还看到他小指的指甲不正常。他还根据此人的举止、神色，判断此人可能是个骗子。大家向饭店的主人一打听，竟不出布宁所料。为什么布宁得出的结论这么准，连高尔基也甚为佩服呢？就是因为他在凝神观察的过程中，始终伴随着积极的思维，对观察对象进行敏锐分析、比较与判断。

细致的观察加积极的思维和敏锐的分析，能够让你对事物有更深层的理解，并且可以帮助你获得更多更实用的知识，得到更重要的发现。

经常观察各种式样、各种质地的皮革制品，你才能准确地判断出一只皮包的真假，经常观察社会上各个方面的信息和状况，你才能敏锐地判断出在哪里存在商机。

所以，频繁而细致的观察造就了敏锐的洞察力和判断力，这已是一个不争的事实。

■ 有判断更要有决断

一个头脑清晰、判断力很强的人，一定会有自己坚定的主张，他们绝不会糊里糊涂，更不会投机取巧，他们也不会永远处于犹豫当中，或是一遇挫折便赌气退出，使自己前功尽弃。只要做出决策、计划好的事情，他们一定能勇往直前。

英国当代著名将领基钦纳就是一个很好的例子。这位沉默寡言、态度严肃的军人勇猛如狮、出师必胜，他一旦制订好计划，确定了作战方案，就会集中心思运用他那惊人的才干，镇定指挥，他绝不会再三心二意地去与人讨论、向人咨询。在著名的南非之战中，基钦纳率领他的驻军出发时，除了他的参谋长外谁也不知道要开赴哪里。他只下令，要预备一辆火车、一队卫士及一批士兵。此外，基钦纳声色不动、滴水不漏，更没有拍电报通知沿线各地。那么，他究竟要去哪里呢？士兵们也不知道。战争开始后，有一天早晨6点钟，他忽然神秘地出现在卡波城的一家旅馆里，他打开这家旅馆的旅客名单，发现几个本该在值夜班的军官的名字。他走进那些违反军纪的军官的房间，一言不发地递给他们一张纸条，上面签署了自己的命令："今天上午10点，专车赴前线；下午4点，乘船返回伦敦。"基钦纳不听军官们的解释和辩白，更不听他们的求饶，只用这样一张小纸条，就给所有的军官一个警告，起到了杀一儆百的作用。

基钦纳将军有无比坚定的意志和异常镇静的态度，但他深知自己在战时所负有的重大使命。因此，他为人处世严谨而端正，公正无私，指挥部下时也从不偏袒，做任何事情非至成功绝不罢手。从这些地方，就可以看出基钦纳将军的伟大魄力和远大抱负。

基钦纳将军并不看重他人的颂扬，更不接受部下的阿谀奉承。他从不狂妄自大，在他看来，做人处世应该摒弃名利之心。基钦纳将军做任何事从来都是胸有成竹，他凡事都能冷静而有计划地去做，因此事事马到成功。

这位驰骋沙场、百战百胜的名将待人却很诚恳亲切，非常自信，做起事来专心致志，富有创见，也极富判断力，为人机警，反应敏捷，每遇机会都能牢牢把握并充分利用。他真是一个向往获得全面成功者的最好典范！

这种典型的例子更向我们证明了：敏锐而坚决的判断力能够为成功保驾护航。

第 008 件事

历练你的人格魅力

人格是个人的道德品质，也是个人的性格、气质、能力等特征的总和。不可否认，具有高尚人格的人也会遭遇厄运和不幸，但是，具有高尚人格的人宁可遭遇厄运和不幸，也绝不会放弃高尚的人格，因为他们并不是为了得到回报才保持高尚的人格。

正因为如此，一个人的人格魅力才会焕发出迷人的光芒，并激发出感染别人的力量。

每一种真正的美德，如勤劳、正直、自律、诚实，都自然而然地得到了人类的崇敬。具备这些美德的人值得信赖、信任和效仿，这也是自然的事情。

在这个世界上，他们弘扬了正气，他们的出现使世界变得更美好、更可爱。

因此，对于个人来讲，历练人格魅力是人生中至关重要的事，历练人格魅力有助于提升影响力、增强个人魅力，赢得他人的尊重。

■ 人格是一种伟大的力量

人格就是力量，从一种更高的意义上说，这句话比"知识就是力量"更为正确。诚实、正直和仁慈，这些品质与每个人的生命息息相关，已成为一个人品格的最重要方面。

正如一位古人所说的："即使缺衣少食，品格也先天地忠实于自己的德行。"具有这种品质的人，一旦和坚定的目标融为一体，那么他的力量便惊天动地、势不可当。

小到一个人，大到一个国家，都应该把人格作为一种最根本的品质去追求和守护。

> 1970 年 12 月 6 日，波兰的首都华沙寒气逼人。来访的联邦德国总理勃兰特向华沙无名烈士墓献完花圈之后，来到华沙犹太人殉难者纪念碑前的广场。突然，他双膝着地，跪在了纪念碑前！他是向第二次世界大战中被德国纳粹屠杀的 510 万犹太人表示沉痛哀悼，为纳粹时代德国所犯下的罪孽深感负疚，虔诚地认罪赎罪。
>
> 勃兰特此举震惊了世界，尤其震撼了德国人的灵魂。当时的民意调查显示，有 80% 的德国人非常赞赏此举，认为这种出乎意料的方式更充分地表达了德国人悔罪的诚意。
>
> 此举也赢得了波兰人民的理解和信任，认为它为"结束一段充满痛楚与牺牲的罪恶历史"迈出了重要的一步。
>
> 1971 年的诺贝尔和平奖因此授予给了勃兰特。

在重大的历史事件面前，在尖锐的意见分歧面前，是什么有如神助的力量保护了人的命运，甚至保护了民族、保护了国家的命运？是什么有如神助的力量能够使不同语言、不同肤色、不同民族、不同国家的人民消除隔阂、形成统一的思想和意志？

是善良的力量，是正义的力量，是进步的力量，是推动历史车轮向前发展的人民群众的力量。而人格的力量，就是这些力量的集中体现。

由此，每个人都应该把拥有崇高的人格作为人生的最高目标之一，并竭尽全力去赢得这种非凡的力量，让人生因得到高尚人格的照耀而焕发独特的光辉。

■ 人格魅力是一笔无形的财富

在那些单纯的美色和单纯的财富不起作用的场合，和蔼亲切的风度、令人着迷的人格，以及优雅迷人的举止依旧可以大行其道。同最优秀的教育或最伟大的成就相比，人格魅力会给人留下更深刻、更美好的印象。即使没有出色的能力，有魅力的人格通常也可以令一个人得到提升，而天才和特殊的训练都做不到这一点。

　　有资料表明，现在日本有 13500 家麦当劳店，一年的营业总额突破了 40 亿美元大关。拥有这两个数据的是一个叫藤田田的日本老人，日本麦当劳社名誉社长。藤田田是在 1971 年开始创立自己的事业的，经营麦当劳生意。麦当劳是闻名全球的连锁快餐公司，采用的是特许连锁经营机制，而要取得特许经营资格是需要具备相当财力和特殊资格的。

　　然而藤田田在创业之初只是一个才出校门几年、毫无家族资本支持的打工一族，根本无法具备麦当劳总部所要求的 75 万美元现款和一家中等规模以上银行信用支持的苛刻条件。只有不到 5 万美元存款的藤田田，看准了美国连锁饮食文化在日本的巨大发展潜力，决意要不惜一切代价在日本创立麦当劳事业，于是绞尽脑汁到处借钱。事与愿违，5 个月下来，他只借到 4 万美元。面对巨大的资金差距，藤田田从没想过放弃。

　　于是，在一个风和日丽的早晨，他西装革履、满怀信心地跨进住友银行总裁办公室的大门。藤田田以极其诚恳的态度，向对方表明了他的创业计划和求助心愿。在耐心细致地听完他的表述之后，银行总裁做出了"你先回去吧，让我再考虑考虑"的回答。

　　藤田田听后，心里即刻掠过一丝失望，但马上镇定下来，恳切地对总裁说了一句："先生可否让我告诉你我那 5 万美元存款的来历呢？"总裁同意了他的请求。

　　"那是我 6 年来按月存款的收获，"藤田田说道，"6 年里，我每月坚持存下 1/3 的工资奖金，雷打不动，从未间断。6 年里，无数次面对过度紧张或手痒难耐的尴尬局面，我都咬紧牙关，克制欲望，硬挺了过来。有时候，碰到意外事故需要额外用钱，我也照存不误，甚至不惜厚着脸皮四处告贷，以增加存款。这是没有办法的事，我必须这样做，因为在跨出大学门槛的那一天我就立下宏愿，要以 10 年为期，存够 10 万美元，然后自创事业，出人头地。现在机会来了，我一定要提早开创事业……"

　　藤田田一气儿讲了 10 分钟，总裁越听神情越严肃，并向藤田田问明了他存钱的那家银行的地址，然后对藤田田说："好吧，年轻人，我下午就会给你答复。"

　　送走藤田田后，总裁立即驱车前往那家银行，亲自了解藤田田存钱的情况。柜台小姐了解总裁来意后，说了这样几句话："哦，是问藤田田先生吧。他可是我接触过的最有毅力、最有礼貌的一个年轻人。6 年来，他真正做到了风雨无阻地准时来我这里存钱。老实说，这么严谨的人，我真是要佩服得五体投地了！"

听完小姐介绍后，总裁大为动容，立即打通了藤田田家里的电话，告诉他住友银行可以毫无条件地支持他创建麦当劳事业。藤田田追问了一句："请问，您为什么决定支持我呢？"

总裁在电话那头感慨万端地说道："我今年已经58岁了，再有两年就要退休，论年龄我是你的两倍，论收入我是你的30倍，可是，直到今天，我的存款却还没有你多……我可是大手大脚惯了。光说这一句，我就自愧不如，对你敬佩有加。我敢保证，你会很有出息的。年轻人，好好干吧！"

人格的力量不只是一种强大的精神力量，更是一种强大的物质力量。人格魅力是人生无形的财富，在一定条件下，它甚至可以转换成一切突破困境的要素。

■ 历练你的人格魅力

每个人都应该把拥有好的品格作为人生的最高目标之一。

英国自由教会牧师和作家亨利·德拉蒙德把一种充满仁爱的品质，称为世界上最伟大的事物。如果这种说法是恰当的，那么，在人的个性中体现出来的实实在在的爱，就是世界上最伟大的。而德拉蒙德自己一生的经历，比他曾经创作过的任何作品都更加伟大。他的一生是闪耀着高贵人格魅力的一生。

专门研究德拉蒙德的传记作者乔治·史密斯博士说："当你遇到他的时候，你会发现他是一个举止优雅、衣着得体的绅士，修长的身材、轻盈的体态，走起路来脚步轻快而有节奏，脸上挂着灿烂的笑容，看上去没有一丝的忧愁感，也不知道什么是傲慢和羞怯。当你与他交谈的时候，你会发现，他对你谈的内容满怀兴趣。他会垂钓和射击，还会溜冰，很少有人能够像他一样精通这么多运动项目；他经常打板球；为了看一场焰火表演或者一场足球赛，他不惜长途跋涉。每一次你遇到他时，他都会有新的故事、新的谜语或者新的笑话说给你听。在大街上，他拉着你去看两个送信的儿童的恶作剧。两个送信的儿童见了面，龇着牙笑了笑，相互打掉了对方的帽子，然后放下他们的篮子，在大理石的路面上做了个善意的恶作剧。在火车上，他给你读他最喜欢的新故事。在雨天的一个乡村农舍里，他讲述了一种新的游戏，没过5分钟人们就争先恐后地开始玩这个游戏了。在儿童聚会上，孩子们为他巧妙的魔术手法大声喝彩。"

德拉蒙德还是一个孩子的时候，在板球场上认识了马克拉仑。许多年后，他对人说："德拉蒙德对人的影响力，超过了任何其他一个我所认识的人。这是一种神奇的魔力。确切地说，其他人通过言语和行为来影响他们周围的人，然而他却通过自身的个性一下子就把人给吸引住了。"

敏感而缺乏浪漫气质的人遇到他，会感到不安而产生抗拒感，就像一个人认出一个魔术师而害怕他的魔力一样。而其他人一见到他就会被他吸引住，对他产生好奇，久久地注视着他，而不愿意移开目光，想象着梦中的王子降临到了人间。

德拉蒙德年轻的时候，在苏格兰得到了著名牧师穆迪和桑基的帮助，他吸引了年轻人的注意力，并且用通俗易懂的话语，奉劝他们按照虔诚祈祷的母亲们和天国的上帝所说的那样行事。当他离开苏格兰时，人们都聚集在这个安静而虔诚的布道者周围，拥护他做他们的领袖，这时他还不足23岁。

他是一个忠诚的神学家，敏锐地发现了那些在精神世界中同样适用的自然法则；他又是一个思想家，能够用形象的方式把真理讲述得清晰易懂；他还是一个深入非洲荒野中探险的探险家，他根本没有想过要靠一本书来出名，然而却有几十万人在读他的书，而在这个时候，他已经在遥远的美国或者澳大利亚继续新的征程了。

那么，多才多艺就是德拉蒙德主要的与众不同的个性特征吗？不。更确切地说，是多种优秀品质在他身上的一种独特的融合。即使一个人在精神的许多方面都具有很强大的力量，若他没有一个平衡的心态，那么，他也是不会有巨大感染力的。

在现实生活中，人人都有理想和追求，毫无理想追求、浑浑噩噩过日子的人总是少数，但不重视修身的却大有人在。结果理想追求和自己的思想、知识、能力相矛盾，难免在现实生活中碰壁，被社会淘汰。

许多人怀才不遇，愤世嫉俗，可能是社会埋没了他，也可能他并非真正有德有才，而是放松了对自己的要求，志大而才疏，或者幼稚脆弱，对生活中的矛盾和挫折，缺乏适应能力、承受能力和应变能力。这说明处于现代竞争社会，仍然要以修身为本，全面提高自身的素质。

如果你想增强自身的魅力，那么，从人格的修炼开始吧，因为只有非凡的人格魅力，才能焕发巨大的感染力，让你的整个人生闪耀的光辉。

第 009 件事

成功的人生从推销自己开始

有些人不爱表现自己，使自己的优点得不到充分的展现。有些人不懂得什么叫自我推销，把自己包得严严实实，不让别人发现自己，其结果是默默无闻地度过一生。

一个人若想获得成功，必须善于推销自己。推销自己是一种才能，也是一种艺术。有了这种才能，人们才可能安身立命，才能抓住机遇，使自己立于不败之地。能够将自己推销给别人的人才能推销世界上任何有价值的东西，而有些人就不那么幸运了，他们把自己包在安于现状的套子里，不敢向自己提出挑战，亦不敢将自己的形象公之于众，这类人会时时碰壁，一无所成。其中的原因很简单：他们不善于推销自己。

■ 不做无人关注的小草

很多年以前有一首歌中唱道："没有花香，没有树高，我是一棵无人知道的小草。"我们许多人的人生也大抵如此。

著名女作家张爱玲曾说："出名要趁早啊，否则晚了，就算成功了也没有那么大的喜悦了。"谁都期盼有一个成功的人生，但首先要学会推销自己，让别人关注你、重视你，如同现在一些新人需要不断地上镜才会引起别人的注意一样。

一个静寂的夜里，一朵鲜花悄无声息地绽放，娇艳无比，婀娜柔嫩，在

银白色光辉的照耀下，愈加显得英姿勃勃；它芳香四溢，整个夜晚到处都弥漫着它醉人的芳香。然而，它的主人却一直沉浸在梦中，既没看到它的美丽，也没嗅到它的清香，除了做一个比其他夜晚更加香甜的梦以外，他对此一无所知。就这样，那朵鲜花的绽放没有留下任何痕迹。

一个喧闹的午后，主人的朋友们汇聚一堂，引经据典，高谈阔论，气氛异常热烈。恰在此时，在那枝刚刚开放过鲜花的花树旁的另一棵花树上，一朵鲜花开放了。它也娇柔美艳，婀娜多姿；它也芳香四溢。顿时，大家的目光都被那朵鲜花吸引，便转移话题，围着那盆花树，夸赞起那朵花来。为此，主人非常得意，他除了为客人们介绍那朵花的品种、品名和特性外，还向他们自豪地介绍起自己艰辛选择和培育花树的过程。

于是，这棵在人前开放的花树，便被当作重点保护起来。主人为它施最好的肥，浇最适量的水，做最精心的护理，这棵花树也因为享尽了主人给予它的最好待遇，而开放得更加频繁，更加美丽。而那夜偷偷开放过的花树，由于主人再也没有理过它，从而缺肥少水，没多久便枯萎地死去了，它死得悄无声息，不留痕迹。

这朵花受到重视是因为它是最美丽的吗？答案是否定的，它的幸运源自于它的"适时"展现自我。如同当年杨玉环在众美女前勇敢地对李隆基说"臣妾可与牡丹花比美"，使得皇上开始注意她，并且真的让杨玉环一个人来到御花园与牡丹比美。此时因为没有其他美女的对比，李隆基见鲜花与美人相配，真是国色天香，遂被杨玉环征服。

这个世界上从来就不缺少有才华的人，缺少的是能将才华展现给外界的人。

■ 学会自我推销的技巧

推销自我对一个人的成功来说十分重要。推销自我一般有如下几种技巧：

1. 要学会表现自己

青年人大多喜欢表现自己，但如果表现不好，就容易给人一种夸夸其谈、轻浮浅薄的印象。因此，最大限度地表现你的美德是最好的办法，这是你的行动而不是你的自夸。

靠别人发现，终归是被动的；靠自己积极地表现，才是主动的。成功者善于积极地表现自己最高的才能、品德，以及各种各样的处理问题的方式。这样不但表现自己，也吸收别人的经验，同时获得谦虚的美誉。学会表现自己吧——在适当的场合、适当的时候，以适当的方式向你的领导与同事表现你的业绩，这是很有必要的。

2. 将期望值降低一点

人有百种，各有所好。假如你投其所好仍然没能被对方接受，你就应该重新考虑自己的选择。倘若期望值过高，目光盯着热门单位，就应该适时将期望值下降一点，目光盯住一个单位，或到一个与自己专业技术相关的行业去自荐。美国咨询专家奥尼尔说："如果你有修理飞机引擎的技术，你可以把它变成修理小汽车或大卡车的技术。"

3. 适当表现你的才智

一个人的才智是多方面的：假如你想表现你的口语表达能力，你就要在谈话中注意语言的逻辑性、流畅性和风趣性；如果你要想表现你的专业能力，当上司问到你的专业学习情况时就要详细说明，你也可以主动介绍，或者问一些与你的专业相符的新工作单位的情况；如果你想要让上司知道你是一个多才多艺的人，那么当上司问到你的兴趣爱好时就要趁机发挥，或主动介绍，以引出话题。如果上司本身就是一个爱好广泛的人，那么你可以主动拜师学艺。至于表现自己的忠诚与服从，除了在交谈上力求热情、亲切、谦虚之外，最常用的方式是采取附和的策略，但你要尽量讲出你之所以附和的原因。上司最喜欢的是你能给他的意见和观点找出新的论据，这样既可以表现你的才智，又能为上司去教育别人增加说理的新材料。

4. 推销自己应自然地流露而不是做作地表现

会表现的人都是自然地流露而不是做作地表现。成功者从不夸耀自己的功绩，而是让其自然地流露。拙劣的表现只会让人心生反感，那样你所做的一切都会被告之失败。

第 010 件事

行动力为梦想创造可能

真正能把梦想变成现实的只有那些立即行动的人，搁浅梦想也就丧失了获得成功的能力，如果你想成就事业，就不要只生活在梦想里，努力行动，梦想终究会实现。

■ 行动力让梦想起航

　　有个小男孩无意间在悬崖边的老鹰巢里发现了一枚老鹰的蛋，他一时兴起，将这枚老鹰蛋带回父亲的农庄，放在母鸡的窝里，看看能不能孵出小鹰来。

　　果然如小男孩的期望，那枚老鹰蛋孵出了一只小鹰。小鹰跟着同窝的小鸡一起长大，每天在农庄里和小鸡一起追逐主人撒的谷粒，一直以为自己是只小鸡。

　　一天，母鸡焦急地咯咯大叫，召唤小鸡们赶紧躲回鸡舍内，慌乱之际，只见一只雄壮的老鹰俯冲而下，小鹰也和小鸡一样，四处逃窜。

　　经过这次事件后，小鹰每次看见远处天空盘旋的老鹰身影，总是喃喃自语："我若是能像老鹰那样，自由地翱翔在天上，该有多好。"

　　这时，一旁的小鸡总会提醒它："别傻了，你只不过是只鸡，是不可能高飞的，别做那种白日梦了。"

　　小鹰想想也对，自己不过是只小鸡，也就回过头去和其他小鸡追逐主人撒下的谷粒。直到有一天，一位驯兽师和朋友路过农庄，看见这只小鹰，便兴致勃勃要教小鹰飞翔，而他的朋友则认为小鹰的翅膀已经退化，劝驯兽师打消这个念头。

驯兽师却不这么想，他将小鹰带到农舍的屋顶上，认为由高处将小鹰掷下，它自然会展翅高飞。不料小鹰只轻拍了几下翅膀，便落到鸡群当中，和小鸡们四处找寻食物。

驯兽师仍不死心，再次带着小鹰爬上农庄内最高的树上，掷出小鹰。小鹰害怕之余，本能地展开翅膀，飞了一段距离，看见地上的小鸡们正忙着追寻谷粒，便飞了下来，加入鸡群中争食，再也不肯飞了。

在朋友的嘲笑声中，驯兽师这次将小鹰带上悬崖。小鹰发现大树、农庄、溪流都在脚下，而且变得十分渺小。等驯兽师的手一放开，小鹰展开双翼，终于实现了它的梦想，自由地翱翔于天际。

相信很多人都曾经如同小鹰一般，拥有过翱翔天际的美妙梦想。但这些伟大的梦想，往往也就在周围亲友"别傻了"、"不可能"的"规劝"声中逐渐萎缩，甚至破灭。

就算侥幸遇上一位懂得欣赏我们的伯乐，硬将我们带到更高的领域，往往我们也会像小鹰回头望见地上争食的鸡群一般，再次飞回地上，加入那个敢梦想而无行动的群体里。

如果能像小鹰一样改变态度，站在新的高度，此时，你有了新的眼光、新的境界，你的人生才会打开新的一页。

要想把自己的梦想起航，就要一步一个脚印地走出来，生存就像种庄稼，种瓜得瓜，种豆得豆，有多少耕耘，就有多少收获。

■ 勇敢行动，不要害怕

当人决心用行动去实现梦想时，就将面临各种艰难的挑战，"不害怕"是心灵的起点，是为自己设下最坚韧的防护，在现实生活中，也许你被碰得头破血流，或拼打得体无完肤，但只要你不害怕碰壁，不害怕失败，不害怕孤独，不害怕被人误解，并勇敢去闯，就一定能得到生活的回报。

一个叫路易斯·蒙坦特的人曾听过卡耐基讲课，他非常敬佩卡耐基所讲的，他曾经忧伤得不想继续活下去，后来，他说："忧伤使我浪费了 10 年大好光阴。这 10 年应该是生命力最强的时候——18～28 岁。我现在体会到失去了这 10 年宝贵的光阴不能怪罪任何人，完全是我自己的错。"

那时所有的事都令他担心：工作、健康、家庭。他羞于见人，因为怕跟熟人打招呼，不惜绕道而行，若在街上遇到朋友，他也假装没有看见，因为他怕别人不理他。

他恐惧与陌生人会面，怕得在两周内连连失去三个工作机会，只因为他没有勇气告诉这 3 位老板他有胜任的能力。

8 年前的某一天，他在一个下午克服了他的忧虑——后来也很少再烦恼过。事情是这样的，他说："那天下午，我坐在一个人的办公室里，那个人所遭遇的问题比我大得多，而他却是我所认识的人中最开心的人。1929 年，他发了财，不久又一贫如洗。1933 年，他又发了一笔财，可是又没保住。1939 年，他东山再起，却同样没法保住财产。他经历了破产，并被债主、仇家追得无处容身。这些打击足以令人崩溃，甚至想不开而自杀，但是他却泰然自若。"

蒙坦特说："8 年前我坐在他的办公室里，我真羡慕他，希望自己也能像他一样。

"我们谈话的当儿，他丢过来一封他当天早上收到的信，并说：'看看这封信。'

"他还说：'让我来告诉你一个小秘密。下次你再有什么烦心的事，拿起纸笔，坐下来把你忧虑的细节通通写下来。然后把这张纸放在你书桌抽屉的最下层。几个星期后，你再去看它。你看的时候，如果还是觉得很烦，就再把它放回抽屉，过两个星期再看。它在抽屉里很安全，没有什么不妥。但同时，却可能有很多事影响到你所忧虑的事。我发现，只要有足够的耐心，那些想干扰我的烦恼，后来都会自动一一瓦解。'

"他的忠告给我留下深刻的印象。我采纳他的做法也有好几年了，结果是，我真的很少再为什么事烦恼过。"

人世间本没有如此多的让人害怕、恐惧的事情，只是大部分人不敢去尝试，他们害怕失败，但这种不战而败的结局会令别人看不起自己。与其"前怕狼，后怕虎"，不如放手干一场，不能成就别人那就成全自己。

■ 行动需要一些点拨

只有想法没有行动是空想，行动才能创造效益，行动才是真正的创造者。立即行动，别无选择！

关于行动的要点有三：

1．心动不如行动

灵魂的升华在于行动。有些人之所以不能成就大事，是因为他们没有把行动的力量发挥出来。这就像过独木桥，当向前走的时候，我们很容易保持平衡，一旦停下来，要想保持平衡就十分困难。成功与失败的分别在于：前者动手，后者动口，却又抱怨别人不肯动手。

2．花时间做 10 件事

每一天都应该过得就像是最后一天一样。这 10 件事是：

（1）花时间思考——这是智能的源泉。

（2）花时间学习——这是成功的积累。

（3）花时间助人——这是快乐的根本。

（4）花时间阅读——这是知识的基础。

（5）花时间去笑——这是去除烦忧的妙药。

（6）花时间健身——这是财富与生命的保障。

（7）花时间沉思——这是净化心灵、身心合一的快捷方式。

（8）花时间娱乐——这是享受人生、永葆青春的秘方。

（9）花时间去爱——这是生活最动人的旋律。

（10）花时间计划——这是如何有时间做好前 9 件事的秘诀。

3．别为拖延找借口

一个人事还没做便想逃避，待事到临头时会觉得更痛苦。把拖延当作生活方式，乃是一些人用来逃避去做事的一贯伎俩。不做的人通常是爱评论的人，也就是自己坐着不动，看人家做，并且还对人家的行为评头论足的人。

如果你梦想成为一名作家，那么从今天开始练习写作；如果你梦想成为一名学者，那么每天抽出时间来阅读和思考。要知道，实现梦想的秘诀就在于行动，只有行动才能为梦想创造可能。

第 011 件事

善于找到优秀的合作者

在与他人合作的时候，培养团队精神，增加彼此之间的信任当然是最重要的，因为只有这样，才能保证合作的有效性。但是这些活动的前提是，你必须找到一个优秀的合作者。

下面几种类型的人是值得与之结交并合作的，他们能够为彼此的合作发挥积极作用。

■ 有影响力的合作者

应该随时留心合作者的影响力，要用真心与之合作。

香港珠宝大王郑裕彤与英国女王合作的事例向我们证明了这样做的重要性。

郑裕彤由于生意的需要，准备建造一个规模齐全、现代化水平最高的会议及展览场所。从 1984 年年底论证、筹划、达成协议以来，一切都在按部就班地进行。

这样的一个大举措自然引起了社会各界的广泛关注。可令人不解的是，郑裕彤虽对这个工程进行广泛宣传，却迟迟不肯下动工令。资金当然不是主要问题，与香港政府方面的协议也早已签订，万事俱备，现在还欠哪股东风呢？

就在外人左思右想的时候，谜底终于揭晓：原来郑裕彤宣布的开工日期恰恰是英国女王来访的同一天。

郑裕彤竟敢拿自己的开工奠基仪式与英国女王的来访争锋？众人对此百思不得其解。

众所周知，女王来访在香港可不是一件小事。因为香港当时还未回归中国。女王是英国的最高元首，访问香港机会难得。更何况这次来访的时间，是在中国和英国已经就香港 1997 年 7 月回归中国达成协议之后。所以，这次出访，肯定是世界上最重要的新闻热点。届时，英国的媒体、电台、报纸的大批记者将会蜂拥而至，其他国家的记者也会踊跃采访报道，新闻热点肯定会被吸引到这边来。单单选取这么一个时间来开工，与女王唱对台戏可没人敢冒如此大的风险。

当有人问郑裕彤开工的事时，他总是神秘地笑笑，不肯回答。

郑裕彤对外界的种种传言与猜测置若罔闻，镇定地指挥手下加紧做开工奠基的准备工作。

香港国际会议展览中心奠基的日子到来了。这一天，天气晴朗，郑裕彤的职工们个个身穿礼服，精神焕发。奠基现场呈现一派隆重、热烈的气氛。

可是，英国女王这时已经莅临香港，香港政府的官员都去迎接女王了，新闻界记者们也都去了。全香港所有人士的目光都聚集在英国女王的身上，除了郑裕彤之外，没有任何人对这块尚未开发的地方感兴趣。

奠基仪式开始了。这时，最后的谜底才向世人揭晓：女王伊丽莎白二世也来参加奠基仪式了！她亲自用铁锹为中心铲下了第一锹土。

在场人士无不欢呼雀跃，人们纷纷向英国女王投去尊敬的一瞥。追随女王而来的各路记者纷纷用摄像机摄下了这令人激动的时刻。全世界的电视观众、广播听众和报刊读者一时间都知道了女王的行为，香港国际会议展览中心和郑裕彤从此名声大振。

郑裕彤敢于与英国女王合作，让她为自己做广告，确实是选对了人。

从此，郑裕彤的事业一路攀升，获得了很好的发展。

由此可见，有影响力的合作者确实让人受益匪浅。

■ 有智慧的合作者

与有智慧的人合作，可以弥补自身"才"力不足的缺憾，把事情做得更好。

女真人入关之后，皇太极打算留下明将洪承畴为己效力，便派范文程去劝洪承畴投降。洪承畴当时正在跺脚大骂，范文程心平气和地与他交谈，内容涉及古今之事。房梁上的尘土偶然落下，沾到洪承畴的衣服，他用手掸掉灰尘。范文程回去将此情告诉皇太极，他说："洪承畴肯定不会求死，连衣服尚且那么珍惜，更何况他的性命？"皇太极亲自去看望洪承畴，解下自己身穿的貂皮大衣给洪承畴穿上，说："先生是否觉得不那么冷了？"洪承畴瞠目许久，叹息道："这真是老天选定的明主啊！"于是叩头请求接受他投降。对此，皇太极异常高兴，不仅当天的赏赐不计其数，还设置了酒宴，摆上了戏台。将领们有的对此很不高兴，说："皇上待洪承畴太好了！"皇太极劝他们说："我们这些人栉风沐雨几十年，是为了什么？"将领们答道："那谁不知，是为了入主中原！"皇太极听后笑道："这就譬如行路，我们都是盲人，如今好不容易得到一个向导，我怎能不高兴？"

此论足见皇太极办事的技巧。范文程是汉族的大学者，是一位极有见识之人，洪承畴更是明朝的大官，总督蓟辽军略，学识也有过人之处。这两人为清军入关，尤其在制定统治方略方面，起到了重大的作用。可以说，满清政府正是借了像范文程这样的一大批汉族知识分子帮助制定策略，从而立足中原。

合作的过程也是借力的过程。在你才思枯竭时，可以借助合作者的谋略；在你金钱匮乏时，可以借助合作者的资本；在你知识不足时，可以借助合作者的智慧。

■ 品质可靠的合作者

人品不能直接当饭吃，但毫无疑问的是，人品是立身之本，对人生成败、事业兴衰影响颇大。一个人品欠佳的人，很难想象他会是一个好的合作者。

当代著名投资家索罗斯极为重视人品的高下，认为一个人仅仅才华出众是不够的，还要有上等的人品。他喜欢诚实的人，对那些做事自私、不够诚实的人，尽管他们十分聪明，也会请他们走人。正如他的朋友沙卡洛夫说："他是我所见过的最诚实的人，他根本不能忍受说谎。"这是对索罗斯的客观评价。他始终认为，许多投机商，包括一些很成功的投机商，并没有很严肃地对待自己的事业，他们只是在投机，一味地投机。

索罗斯说："对那些才气纵横的赚钱高手，如果我不信任他们，觉得这些人的人品不可靠，我就绝不希望他们当我的合伙人。"一次，垃圾债券大王麦克·米尔被起诉后，垃圾债券业务出现真空，索罗斯很想进入这一黄金领域。为此他约谈了好多位曾在米尔手下做过事的人，想请他们做合伙人。但是，索罗斯发现这些人有某种忽视道德的态度，最后放弃了这些人。他觉得他的团队有这些人参与他会很不舒服，尽管他们积极进取又聪明能干，也很有投资天分。

索罗斯的团队里曾经有一个人私自在债券上投资了 100 万美元，结果投资虽然赢了利，但索罗斯认为，这个人对自己的行为不负责任。索罗斯后来解雇了这个人品欠佳的合伙人。他认为，投资作风完全不同的人在他的团队里都可派上用场，但人品一定要可靠。

索罗斯之所以如此看重合伙人的人品，是因为他认为，金融投资需要冒很大的风险，而不道德的人不会愿意承担风险。这样的人不适宜从事负责、进取、高风险的投资事业。他说："冒险是很辛苦的事，不是你自己愿意承担风险，就是你设法把风险转嫁到别人身上。任何从事冒险业务却不能面对后果的人，都不是好手。"

在与他人合作的时候，要牢记"最重要的是人品"这句箴言，这有助于你走上成功之道。

第 012 件事

掌握工作的高效之道

有人说：只要勤奋努力，就能将工作做好。真是这样的吗？勤奋固然重要，但现实中这种现象却屡见不鲜：有的人工作非常卖力气，但是工作效果却很不理想；有些人看上去不是那种勤奋的员工，但工作成果却很可观。

为什么会出现这种反常现象？难道勤奋努力与工作业绩成反比吗？难道是勤奋努力的人的智商比那些不怎么用功的人低吗？如果我们对那些看起来不够勤奋但成绩却很好的人进行深入的分析，就会发现，并非他们有着多么高的智商，而在于他们工作很有效率。

效率就是一切。在今天，社会发展如此之快，没有效率的学习或工作必将被淘汰，要想立足于这个竞争的社会，必须重视效率。

■ 要事第一

做事之前分清轻重缓急，设定优先顺序，一件一件地做，这样你的效率自然会很高。

艾维·利是美国著名的效率专家，有一次，他在解答伯利恒钢铁公司总裁查理斯·舒瓦普的问题时，给了舒瓦普一张白纸，并说："我可以在 10 分钟之内把你公司的业绩提高 50％。"

"请在这张纸上写下你明天要做的 6 件最重要的事。"舒瓦普用了 5 分钟写完。

艾维·利接着说:"现在用数字标明每件事情对于你和你的公司的重要性次序。"

这又花了 5 分钟。

艾维·利说:"好了,把这张纸放进口袋,明天早上第一件事就是把纸条拿出来,按今天你写的顺序去做。"

艾维·利最后说:"每一天都要这样做——你刚才看见了,只用 10 分钟时间——你对这种方法的价值深信不疑之后,叫你公司的人也这样干。这个试验你爱做多久就做多久。"

一个月之后,舒瓦普给艾维·利寄去一封信,信上说,那是他一生中最有价值的一课。

5 年之后,这个当年不为人知的小钢铁厂一跃成为世界上最大的独立钢铁厂。人们普遍认为,艾维·利提出的方法对小钢铁厂的崛起功不可没。

著名诗人波普曾写过这样一句话:"秩序是天国的第一条法则。"同时,秩序也是我们工作中的重要法则。对于一个人的工作来说,要提高工作效率,用好时间、提高办事能力是关键,但一个良好的工作秩序也是必不可少的。

有人说:"只要勤奋就能创造高效率。"其实在最短的时间内完成最多的目标才能创造出高效率,而其前提就是做好重要的事情。有时也许会出现看似紧急实则无谓的事,此时,你只要把握好"重要的事优先"的原则,就能在繁杂的学习工作中更有效地利用时间,而你的生活也将变得井然有序。

记住,永远是要事第一。

■ 丢掉任何借口

人的一生中会形成很多种习惯,有的是好的,有的是不好的。良好的习惯对一个人影响重大,而不好的习惯所带来的负面作用会更大。下面的 3 种习惯,是作为一名高效能人士所必须具备的习惯,它们甚至是每一个成功人士都应该具有的习惯。这些习惯并不复杂,但坚持去做,你就能成为一个负责任、不找借口的人。

1. 延长工作时间

许多人对这个习惯不屑一顾,认为只要自己在上班时间提高效率,就没有必要再加班加点。实际上,延长工作时间的习惯对管理者的确非常重要。

想要实现高效率，你不仅要将本职工作处理得井井有条，还要应付其他突发事件，思考部门及公司的管理及发展规划等。有大量的事情不是在上班时间出现的，也不是在上班时间内就可以解决的，这就需要你根据公司的需要随时为公司工作，需要你延长工作时间。

当然，不同的事情，超额工作的方式也有不同。如为了完成一个计划，可以在公司加班；为了理清工作思路，可以在周末看书和思考；为了获取信息，可以在业余时间与朋友们联络。总之，你所做的这一切，可以使你在公司更加称职。

2. 始终表现出你对公司及产品的兴趣和热情

你应该利用每一次机会，表现你对公司及其产品的兴趣和热情，不论是在工作时间，还是在下班后；不论是对公司员工，还是对客户及朋友。

当你向别人传播你对公司的兴趣和热情时，别人也会从你身上体会到你的自信及对公司的信心。没有人喜欢与悲观厌世的人打交道，同样，公司也不愿让对公司的发展悲观失望、毫无责任感的人担任重要职务。

3. 自愿承担艰巨的任务

团队的每个部门和每个岗位都有自己的职责，但总有一些突发事件无法明确地划分到哪个部门或个人，而这些事情往往是比较紧急或重要的。对于一名高效率人士来讲，此时就应该从整体公司利益的角度出发，积极去处理这些事情。

如果这是一项艰巨的任务，你就更应该主动去承担。不论事情成败与否，这种迎难而上的精神也会让大家对你产生认同。另外，承担艰巨的任务是锻炼自己能力难得的机会，长此以往，你的能力和经验会迅速得到提升。在完成这些艰巨任务的过程中，你可能会感到很痛苦，但痛苦却会让你变得更加成熟。

■ 有效沟通

人与人交往需要沟通，良好的沟通能力是工作中不可缺少的，一个高效率的人士绝不会是一个性格孤僻的人，相反应当是一个能设身处地为别人着想、充分理解对方、不以针锋相对的形式对待他人的人。

成功学大师拿破仑·希尔认为，高效的沟通者在与人面对面沟通时应当采取的策略为：

策略 1：80% 的时间倾听，20% 的时间说话。

一般人在倾听时常常出现以下情况：很容易打断对方讲话，发出认同对方的"嗯……"、"是……"等声音。较佳的倾听却是完全没有声音，而且不打断对方讲话，两眼注视对方，等到对方停止发言时，再发表自己的意见。更加理想的情况是让对方不断地发言，愈保持倾听，你就越握有控制权。

在沟通过程中，20% 的说话时间中，提问题的时间又占了 80%。问题越简单越好，是非型问题是最好的。说话以自在的态度和缓和的语调，一般人更容易接受。

策略 2：沟通中不要指出对方的错误，即使对方是错误的。

你沟通的目的不是去不断证明对方是错的。生活中我们常常发现很多人在沟通过程中不断证明自己是对的，却十分不得人缘。沟通天才认为事情无所谓对错，只有适合还是不适合而已。

所以如果不赞同对方的想法时，不妨仔细听他话中的真正意思。若要表达不同的意见时，切记不要说："你这样说是没错，但我认为……"而最好说："我很感激你的意见，我觉得这样非常好，同时，我有另一种看法，不知道你认为如何?""我赞同你的观点,同时……"要不断赞同对方的观点，然后再说"同时……"而不说"可是……"、"但是……"。

一个沟通高手总有方法进入别人的频道，让别人喜欢他，从而博得信任，表达的意见也易被别人采纳。

策略 3：运用沟通的三大要素。

人与人面对面沟通的三大要素是文字、声音以及肢体动作。经过行为科学家 60 年的研究发现，面对面沟通时三大要素影响力的比率是文字 7%、声音 38%、肢体语言 55%。

一般人在与人面对面沟通时，常常强调讲话内容，却忽视了声音和肢体语言的重要性。其实，沟通便是要努力和对方达到一致性以及进入别人的频道，也就是你的声音和肢体语言要让对方感觉到你所讲和所想的十分一致，否则对方无法收到正确信息。

以上是提高工作效率的 3 种重要方法，掌握了这些方法，会对你在生活和工作中提高效率有所帮助。

第 013 件事

培养自我反省的能力

　　每个人都希望获得发展，但在人生的旅途中，如果一味前行，而不懂得不断反省和总结自己，改变自己的错误，就会老在原处打转或几次被同一块石头绊倒。人只有通过"自省"，时时检讨自己，才可以走出失败的怪圈，走向成功的彼岸。

　　一个成功的人往往是一个善于自我反省、自我分析的人。

■ 见贤思齐，见不贤而内自省

　　《论语·里仁》中有一句话："见贤思齐焉，见不贤而内自省也。""见贤思齐"是说好的榜样对自己会产生震撼，驱使自己迎头赶上，"见不贤而内自省"是说坏的榜样对自己会产生"教益"，让自己吸取教训，不跟随别人堕落下去。这句话为我们不断反省和完善自己提供了一个很好的启示，很多在事业上卓有成就的人都是在不断学习别人的优点，反省自己的不足的过程中不断进步的。塞缪尔·杜威就说是在读了本杰明·富兰克林的动人传记之后，才养成他良好的生活习惯，尤其是商业习惯的。由此可见，一个良好的榜样能够为我们带来无穷的力量和启发。

　　路德·杜德利曾说过："在文学上，我总是只与我认为很不错的老朋友交往，我的朋友是经过我长期选择的。和我的朋友们在一起，我变得越来越崇高，创作的愿望也愈来愈强烈。我总能从我的朋友那儿得到'益处'，十之八九都是这样。朋友们不在的时候，我把以前读过的书温习一遍、几遍，这样所得到的收获远比读一本新书来得快、来得多。"

弗兰西斯·霍勒总是把那些对他产生重大影响的书记在自己的日记里或信件中。这些书包括考德瑟特所著的《叶落格·黑尔》、爵华·叶罗德所著的《迪斯考斯》、培根的著作《白奈特讲述马休兹·黑尔》。读以上这些书——这些书都记载着一个个生动感人的劳动创造奇迹的故事，总是使霍勒充满激情。在读到考德瑟特所著的《叶落格·黑尔》一书时，霍勒说："每当读这本书时，书中的故事总是感动着我。我被一种激动的心情包围着，对于他们所从事的事业充满无限的倾慕和向往。"在谈到爵华·叶罗德先生所著的《迪斯考斯》一书时，霍勒说："这本书告诉我，什么叫勤劳、什么叫收获。"关于培根的书，霍勒说道："没有任何一本书像培根的书那样催人修身养性，他真是上帝派到人间来教会我们明白成功是如何获得的、伟大是怎样造就的天才人物之一。"

在我们的现实生活中，只要仔细观察身旁的人，你将会发现，无论多么出色的人，也不可能拥有所有的优点，而看上去十分乏味的人，也必然会有一些长处。无论对于哪一类人，你只需学习他们的长处就行了，对于他们身上的不足之处，则要当作教训来警示自己。

比如，对长辈应该以何种态度、何种言辞来应对？面对身份地位与自己差不多的人，又该如何与之交往？对于地位低于自己的人，又应该如何对待呢？还有，比如在中午时分拜访他人时，该谈些什么话题？在与人聚餐、夜间集会时，又该如何，等等。有关以上种种，应仔细观察对方是如何处置的，然后，诚心诚意地去学习。若能确实地学习他人的长处，必能让他人对自己产生好感。这只需回首看看现在的自己，便能了解。现在的自己，不是一半以上经由学习而得的吗？重要的是，要选择好榜样，而且要有对什么是"真好"进行正确判断的能力。

"见贤思齐焉，见不贤而内自省也"，人类就是在不知不觉当中不断地从谈话的对象那里吸收其优点、反省自己的缺点而进步的。

经常同优秀的人们往来，即使不是特别有意识地学习别人的优点，也会在不知不觉中，使自己提升到与他们相同的层次。如果你能够不断学习他们的优点，反省自己的缺点，驱策自己不断地向那些优秀的人物靠近，那么有朝一日你也会跨入优秀人物的行列中去。

■ 遇到问题，从自己身上找原因

有一只色彩斑斓的大蝴蝶，常嘲笑对面的邻居——一只小灰蝶很懒惰。

"瞧，它的衣服真脏，永远也洗不干净，总是灰突突的，还有斑点。看看我，一身的衣服多漂亮，飞到哪儿，都是人们眼里的宠儿。在公园里，小孩们追着我，单身的男子说希望将来的女朋友像我一样漂亮，甚至有几只小蜜蜂追着我不放，以为我是一朵飘舞的美丽的鲜花呢。"大蝴蝶喋喋不休地向朋友们炫耀着自己的美丽，嘲笑着邻居小灰蝶的懒惰与丑陋。

直到有一天，有个明察秋毫的朋友到它家，才发现对面的小蝴蝶并非懒惰，而是它本身的衣服就是灰色的，但大蝴蝶却始终坚持自己的观点。

这位朋友只好把大蝴蝶带到医院眼科检查，医生说："大蝴蝶的眼睛已高度近视了。"

其他蝴蝶纷纷说："它应该反省一下，其实是自己有问题。"

美国"氢弹之父"爱德华·泰勒具有极好的自我纠错习惯。他经常兴致勃勃地谈起自己的某个最新见解，不久后又会毫不留情地自我否定掉。尽管他的十个见解中往往八九个都是错的，可是他凭借有错就纠的好习惯，"沙里淘金"，做出了不平凡的成就。

■ 培养自我反省的意识

培养自省意识，首先得抛弃那种"只知责人，不知责己"的劣根性。当面对问题时，人们总是说：

"这不是我的错。"

"我不是故意的。"

"这不是我干的。"

"本来不会这样的，都怪……"

这些话是什么意思呢？

"这不是我的错"是一种全盘否认。否认是人们在逃避责任时的常用手段。当人们乞求宽恕时，这种精心编造的借口经常会脱口而出。

"我不是故意的"则是一种请求宽恕的说法，通过表白自己并无恶意而推卸掉部分责任。

"这不是我干的"是直接的否认。

"本来不会这样的，都怪……"是凭借扩大责任范围推卸自身责任。

找借口逃避责任的人可能侥幸逃脱。但是长此以往，他们会失去他人的信任，而且自身也很难进步。所以，培养自省意识必须彻底摒弃逃避和借口。

其次，培养自省意识，还要有自知之明。就像最有可能设计好一个人的就是他自己，而不是别人一样，最有可能完全了解一个人的就是他自己，而不是别人。但是，正确地认识自己，实在是一件不容易的事情。不然，古人怎么会有"人贵有自知之明"、"好说己长便是短，自知己短便是长"之类的古训呢？自知之明，不仅是一种高尚的品德，而且是一种高深的智慧。因此，你即便能做到严于责己，即便能养成自省的习惯，但并不等于说能把自己看得清楚。就以对自己的评价来说：如果把自己估计得过高了，就会自大，看不到自己的短处；把自己估计得过低了，就会自卑，对自己缺乏信心；只有估准了，才算是有自知之明。很多人经常是处于一种既自大又自卑的矛盾状态：一方面，自我感觉良好，看不到自己的缺点；另一方面，却又在应该展现自己的时候畏缩不前。对自己的评价都如此之难，如果要反省自己的某一个观念、某一种行为，那就更难了。

再次，培养自省意识就得养成自我反省的习惯。我们每天早晨起床后，一直到晚上上床睡觉前，不知道要照多少次镜子。这个照镜子，就是一种自我检查，只不过是一种对外表的自我检查。相比之下，对本身内在的思想做自我检查，要比对外表的自我检查重要得多。可是，我们不妨问问自己：你每天能做多少次这样的自我检查呢？我们不妨设想一下，如果某一天我们没有照镜子，那会是一种什么结果呢？也许，脸上的污点没有洗掉；也许，衣服的领子出了毛病……总之，问题没有被发现，就出了门。可是，我们如果不对内在的思想做自我检查，那么，我们就可能出言不逊也不知道，举止不雅也不知道，心术不正也不知道……那是多么的可怕！我们不妨养成这样一个习惯——每当夜里刚躺到床上的时候，都要想一想自己今天的所作所为，有什么不妥当的地方；每当出了问题的时候，首先从自己这个角度做一下检查，看看有什么不对。而且，还要经常对自己做深层次、远距离的自我反省。

　　培养自我反省的能力，就是为自己创造进步和发展的机会，每天自省5 分钟，坚持下去，你将会有意想不到的收获。

第 014 件事

培养你的领导力

有一个著名的古代寓言：春秋时，一位晋国人想到南方的楚国去，他的马够快，车够结实，带的粮食也够多，可惜，他的方向错了，南辕北辙，结果愈行愈远。

众多的人就像这个晋国人一样，不是没有行动的能力，而是找不到正确的前进方向。当大家为何去何从不知所措时，领导的作用就显示出来了。身为领导者，有着超乎一般的远见卓识，他的任务就是告诉追随者们：应该朝哪个方向前进；应该选择哪一条路；在这条路的前方，有怎样的风险和利益……在必要的情况下，他还应该走在队伍的前面。在大家四顾茫然的关键时刻，一声"跟我来"，就像一支"强心针"，能使团队士气大振，并凝成一股强大的冲击力。

大多数人都不可能刚刚走上工作岗位就成为领导者，但是每个人都有成为领导的机会。所以我们必须及早准备，培养自己的领导能力，及早打好奠基，以后的路才会更好走。

■ 学会授权，不要事必躬亲

领导，顾名思义，就是带领、引导他人的人。领导的职责就是对潜在资源进行开发，对现有资源进行协调分配。

事必躬亲的领导不是一个高明的领导，一个好领导懂得将权力下放，懂得将具体工作交给下属去办，懂得自己应站在一个高度上统筹全局。

> 《吕氏春秋·察贤》提出两个达到"治之至"的方法：宓子贱和巫马期先后治理单父，宓子贱治理时每天在堂上静坐弹琴，没见他做什么，把单父就治理得相当不错。巫马期则披星戴月，早出晚归，昼夜不闲，亲自处理各种政务，单父也治理得不错。两个人两种治法，一则事不躬亲，一则事必躬亲。

事不躬亲是"古之善为君者"之法，它"劳于论人，而佚于官事"，是"得其经也"；事必躬亲是"不能为君者"之法，它"伤形费神，愁心劳耳目"，是"不知要故也"。前者是使用人才，任人而治；后者是使用力气，任力而治。前者是使用人才，当然可"逸四肢，全耳目，平心气，而百官以治义矣"；使用力气则不然，"弊生事精，劳手足，烦教诏"，必然辛苦。

古人的这套说法在今天仍有意义，其道理仍未过时，领导的任务就应当是统领全局，抓紧大事，而不应将精力消耗在细枝末节之上。细微之事可以交由下属去处理。如果所有的人都去处理细节，那么领导的作用又体现在何处呢？

第二次世界大战时，英军统帅蒙哥马利提出：身为高级指挥官的人，切不可参加细节问题的制定工作。他自己的作风是在静悄悄的气氛中"踱方步"，消磨很长时间于重大问题的深思熟虑方面。他感到：在激战进行中的指挥官，一定要随时冷静思考怎样才能击败敌人。对于真正有关战局的要务视而不见，对于影响战局不大的末节琐事，反倒事必躬亲。这种本末倒置的作风，必将一事无成。

作为领导，应按官职去定位，依法度去办事。领导有智而不逞智，则人尽其智；领导有能而不逞能，则人尽其能；领导有勇而不逞勇，则人尽其勇；领导有才而不逞才，则人尽其才。我管理人，而不是我被管理，这就是领导的方法。

明代袁了凡在他编辑的《了凡四训》一书中阐述了领导工作的诀窍："把紧急的事当成眼前的大事来解决，不将精力放在那些琐事上，这就是所谓的无为而治。"领导用人要明白：什么该获取就毫不犹豫地去获取，什么该舍弃就毫不犹豫地舍弃。

领导者在带领自己的团队做事时，也要走出"事必躬亲"的误区。你的身边有许多的组织成员，他们每个人都有自己的优势和强项，而你并非全知全能，为什么不把工作交给最合适的人去做呢？这样既发挥了组织成员的长处，激发了他们的积极性，又能更出色地完成任务，可谓一举多得，何乐而不为呢？

■ 储蓄你的领导才干

作为领导者，要做到八面玲珑，就必须具备非凡的才干。只有具备非凡的才干才能面对任何情况都得心应手。才干不是先天有的，是可以后天培养的，我们一定要利用各种条件为自己储蓄这些资本。

1. 语言魅力

强有力的语言不仅使你富有吸引力，而且是事业成功的一种要素。中国自古以来崇尚辩术，战国时期苏秦与张仪仅凭一张嘴，说服各国合纵连横，苏秦还身佩六国相印，叱咤风云。这都是因为他们有一副好口才，能说服别人，使自己的意志得以实施。

可见，领导者必须具有强有力的语言表达能力，有一副好口才。

2. 胸怀坦荡

领导者必须有宽阔的胸怀，正所谓"宰相肚里能撑船"。

春秋战国时代，齐桓公依靠管仲最先称霸。

齐桓公名小白，是齐国公子。管仲原来是小白之兄公子纠的师傅。齐国的君主僖公死后，诸位王子相互争夺王位，到最后就只剩下小白与公子纠争夺。管仲为了替公子纠争王位，还曾用箭射公子小白。最终还是小白回到齐国继承了王位，这就是齐桓公。帮助客居鲁国的公子纠争王位的鲁国在与齐国交战中大败，只得求和。齐桓公要求鲁国处死公子纠，并交出管仲。

消息传出后，大家都同情管仲，因为被遣送回齐国他无疑是要被折磨致死。于是有人说："管仲啊！与其厚着脸皮被送到敌方去，不如自己先自杀。"但是管仲只是一笑了之。他说："如果小白要杀我，当初就该和主君一起被杀了，既然还找我去，就不会杀我。"就这样，管仲被押回齐国。

出人意料的是，齐桓公马上任用管仲为宰相，这连管仲也没有想到。

管仲之所以能够当上齐国宰相，这与他的好朋友鲍叔牙有很大关系。他们年轻时曾经约定辅佐齐国国君建立霸业。当时在公子纠处当师傅的管仲对当公子小白师傅的鲍叔牙说："齐国必定是由纠或小白当上君主，其他公子不配继承。很幸运，我们在这两个优秀的公子旁当师傅。不管谁继承王位，我们都要合力辅助君主。"

齐桓公继位，因此鲍叔牙召来管仲，救了他的命，并且推荐他为宰相，遵守了彼此的约定。齐桓公作为一国之君，具有容人之量，才饶过曾经的敌人，并成就了自己的霸业。

3．独立的品质

独立性表现出一个人自己有能力做出重要的决定并执行这些决定，有责任并愿意对自己的行为所产生的结果负责，相信自己的行为是可行的，能产生积极的成果。大凡领导者，往往不能完全按照自己的意志行事。其实，在充分发扬民主的基础上，最后也需要领导者一锤定音。

4．果断的性格

果断性表现为善于迅速地明辨是非，及时地采取措施处理一些事情，尤其是一些恶性突发事件。曾做过福特公司和克莱斯勒公司经理的艾科卡说过："如果要我用一个词来概括优秀领导者的特点，那我就会说是果断。"当断则断，贻误了战机就可能导致企业处于不利的境地甚至破产。与果断相反的是优柔寡断，这是缺乏勇气、缺乏信心、缺乏主见、意志薄弱、逃避责任的表现。作为领导者，这是万万要不得的。

5．强烈的自制力

自制力是指能够统御自己的意愿的能力。在失败、恐惧、压力、倦怠的情况下，领导者需要振作精神，消除由于这些不利因素带来的一连串的连锁负效应。在成功的时候，需要戒骄戒躁，警惕成功之后随之而来的放松和自满。钢铁大王卡内基在没有资金、没有背景、没有接受高等教育的情况下发迹，他把自己的成功归功于最重要的一条——自律。能驾驭、运用自己心智的人，可以轻易地获得他梦想的东西。领导者不能被胜利冲昏了头脑，也不能被挫折压弯了腰。在荣誉面前不能飘飘然，在困难面前更应卧薪尝胆。

第 015 件事

打造你的影响力

人与人之间的交往不仅仅是沟通与交流，有的时候则是意志力与意志力的对抗，不是你影响别人，就是你被别人影响。拿破仑·希尔曾经说过："在别人的影响下生活着，就等于被别人的意志给俘虏了，这样的人即使再优秀，也不会登上一把手的宝座。"

有人说，影响力本质上就是一种控制力。更准确地说，影响力是一种让人乐于接受的控制力。它与权力不同，影响力不是强制性的。它发挥作用是一个很微妙的过程，它以一种潜意识的方式来改变他人的行为、态度和信念。没有人能够抗拒它，因为它来得悄无声息，等你察觉时，早已经被它俘获了。

现在已经不是"有权不用，过期作废"的时代了，特别在组织结构扁平化的企业，权力就像一只干瘪的皮球，如果不充气的话，就无法指望皮球会弹跳起来。而影响力却是很好的气筒，它能够令干瘪的皮球重新膨胀起来，并且迸发力量。或者说，激发权力的关键过程是施加影响，它的能力则包括沟通、理解、适应和自我表现等。随着权威式的由上至下的金字塔形管理被逐步扬弃后，取而代之的必然是影响力领导的崛起。

越来越多的事实要求我们，为了取得高效率，必须抛弃所谓的权威，依靠自己的影响力去重新审视别人，并把事情做好。

■ 能力决定影响力

影响力产生的一个重要原因是别人对你的实力的认同。换言之，富有影响力的人之所以不同于一般人，重要原因之一就在于他被别人看成是独特的，甚至是独一无二的。这种信念一旦产生，人们不仅会心甘情愿地接受他，而且会做出异乎寻常的决定去追随他。因为一旦拥有对这个人坚定不移的信念，人们就会坚定地认为，他是如此非凡，肯定知道问题的全部答案，有办法变理想为现实。

问题的关键是如何才能使人们感到非同寻常，你的非同寻常，是由其非同寻常的实力造成的，能力决定了你的影响力。

影响力与人的能力素质直接相关。那些个人素养、道德品质较好，而能力低、素质差的"好人"，是难以获得影响力从而赢得追随者的。

成功的领导人在领导过程中表现出了超群的领导才能，能得到上司的赏识和信任，受到下属的爱戴和拥护。这样，未来领导人的威望就会逐步树立起来。一个人的实力是一步步增强和不断展现出来的，当你在生活和工作中表现出卓越的才能，得到他人的欣赏和信任时，你的实力就会展现出来，甚至获得一种无形的权威。

赢得了欣赏和信任，在生活和工作中自然就会一呼百应，大家愿意心悦诚服地聚集在你的周围，这样，支持者就会越来越多。有一个人是这样评价一位他非常尊敬的领导的：

"他确实非常有魅力，这在两件事上明显地表现出来。一是他身上凝聚着有关制造业的全部知识，对此，他可以信手拈来，随意说出，可见，他对自己的专业了解得极为透彻。他刚一到任，就全面地更新了生产的流程，使得我们厂终于生产出自己的产品，而这在以前是从来没有过的。二是他给我们留下了深刻印象，那就是干什么他总比别人领先一步。当他和我们说出他的想法以后，很多人发自内心想说：'真希望那是我自己说的。'"

所以，能力是影响力的基石，要想提升影响力，必须从培养自身的能力做起。

■ 个人魅力提升影响力

个人魅力最引人注目的优点是能提高影响别人的能力。当人们认为你这个人很有魅力时，他们更有可能采纳你的建议。许多人说过，要是有一位富有个人魅力的经理，"我会以我的职业生涯做赌注，一心一意为他工作"。在这种情况下，以事业做赌注，意味着这个人将放弃一份相对安稳的工作来和这个经理一起开创新的事业。

所以，个人魅力实际上是非权力领导力的升华，个人魅力作用在各方面都增强了非权力领导力，如个人感召力的发挥就需要通过以身作则、说服、分享和帮助等方式进行。

一个简单而有效的影响别人的方法是以身作则地领导。作为有影响力的领导，你可以通过你自身的行动来传播价值观和传达各种期望。那些显示忠诚，做出自我牺牲以及承担额外工作的行为特别要以身作则。在项目面临艰难局面时，你也许要每周工作 65 小时以显示包含在企业文化之中的自我牺牲的价值。

问题是，假如你对人们来说有一种磁铁般的吸引力，那么他们把你当作一种行为典范的可能性就要大得多。因此，尽管以身作则的方法很受欢迎，但它可能效果不大，除非那个以身作则的人对那些认为可以把他或她作为榜样仿效的人们具有吸引力。

通过理性说服影响别人的传统方法仍不失为一种重要的策略。理性的说服涉及使用符合逻辑的观点和事实证据来使另一个人相信一条建议或者要求是可行的，并且是可以达到目的的。

总的说来，要使理性的说服变成一种有效的策略，需要自信以及仔细的研究，对明智和理性的人来说，它可能是最为有效的。不过，即使是明智和理性的人，他们看问题的方法也是有选择性的。他们更会听取由热情和讨人喜欢的人所表达的信息里所包含的铁证。个人魅力使得逻辑看起来甚至更有逻辑性。

影响力的获得也离不开个人魅力，取得影响力的一个值得推荐的方法是在符合公司当前或者未来需要的领域里成为课题专家。最新的例子是如何为公司建立引人注目的网址或者在国外开拓市场。即使你是课题专家，富有个人魅力也会有利于利用你的专业知识。假如你个人颇具魅力，当权者更有可能会给你一个展示专业知识的极好机会。你或许听到过有人哀叹："要是他们给我机会的话，跟……一样的事情我也会做的。"那另外一个人之所以得到了这个机会，很可能是因为他或她富有热情和活力。

取得威望要比获得影响力更需要个人魅力。富有个人魅力可以增强你的形象，从而使你更加引人注目，更加具有影响力。

■ 打造你的个人品牌

美国著名家电公司惠尔普执行总裁惠特克说："如果我们拥有客户忠诚的品牌，那么这就是其他竞争厂家无法复制的一个优势。"

可口可乐的老板也说："如果一天早上醒来，可口可乐公司被大火烧了个干净，但仅凭'可口可乐'这四个字一切就可以马上重新开始。"

他们讲的都是品牌的影响力。

对于一个人而言，个人品牌的影响力同企业产品品牌的影响力一样重要。美国管理学者华德士提出，21 世纪的生存法则就是建立个人品牌的影响力。他认为，不只是企业、产品需要建立品牌影响力，个人也需要在职场中建立个人品牌影响力。那么，个人品牌影响力的含义是什么？

具体而言，个人品牌影响力有以下几个特征：

（1）个人品牌影响力的最重要的就是品质保障。这体现在两方面，一方面是个人业务技能上的高质量，另一方面是人品质量，也就是既要有才更要有德。一个人，仅仅工作能力强，而道德水平不高是不可能建立个人品牌的影响力的。

（2）个人品牌的影响力讲究持久性和可靠性。建立了个人品牌的影响力，就说明你的做事态度和工作能力是有影响力的，也一定会为企业创造较大的价值。这样的人是让人信任和放心的。

（3）品牌影响力形成是一个慢慢培养和积累的过程。任何产品或企业的品牌不是自封的，而要经过各方检验、认可才能形成。对个人品牌而言，也不是自封的，而是被大家所公认的。

（4）个人一旦形成品牌影响力后，他跟职场的关系就会发生根本性变化。像一个企业一样，如果有了品牌影响力，它做任何事都会相对容易一些。同样对个人来讲，一旦建立了品牌，工作就会事半功倍。

建立个人品牌影响力是人生中的一次科学规划，在建立的过程中，我们还要注意以下几点：

（1）个人品牌不是全能，要了解自己的局限与弱点。很多人以为要装得什么都懂，才容易建立个人品牌。其实一个品牌不可能是所有领域的品牌，个人品牌一定要专注于某一领域。一个经常变换工作的人是不会形成个人品牌的。

（2）品牌影响力往往跟忠诚连在一起，个人要忠诚于自己所从事的职业。一个人可以换工作，但不能经常换职业，那样成不了专家，也建立不了个人品牌。

（3）建立个人品牌影响力一定要注意自己的言行，言行一致，才会形成良好的品牌。俗话说，好事不出门，坏事传千里。当然工作中会有失误，但在个人品质上一定要注意，一个小小的闪失就可能形成终身污点，对建立个人品牌非常不利。

第 016 件事

塑造你卓尔不群的气质

如果仔细分析"卓尔不群"一词，则"卓尔"的意思是特出的样子，"不群"的意思是与众不同，这个词的整体意思是才德超出寻常、与众不同。

拥有卓尔不群气质的人即使和其他人穿着一样又处在同一环境地，还是会展现出不同寻常的风采。

关于曹操的一则小故事生动地说明了这个道理：

> 曹操被封为魏王，将接见匈奴使者，自认为形貌不够"威武"，不足以让远方国家敬畏，于是让手下人代替他接见，他自己则捉刀站在旁边。接见完后，曹操派人问匈奴使者对魏王印象如何，使者说："魏王很威风，但旁边那个捉刀的人，更显英雄气概。"

卓尔不群的气质能够让人焕发出迷人的魅力，我们要细心地呵护和培养自己的气质，让它散发出愉快的芬芳。而这绝不是穿金戴银，啜几口上好咖啡或开一辆大奔，出入几趟五星级酒店就能变得"气质"十足的。一个人气质的形成，如同吃中药，是慢慢调理出来的。我们看古今中外那些有着高尚人格和非凡气质的人，都是十分注意"塑造"和"调理"功夫的。

■ 精致的生活让你拥有脱俗的气质

有一位优雅的女士在她的回忆录中这样写道：

"我小的时候在困窘的环境中成长，但是，母亲从来都把我们的生活安排得井井有条。日子被母亲过得每天都那么有滋有味。她给我们做的白衬衫、白边鞋、粗布衣服是最整洁的。而且，在家的桌子上永远铺着一块十分洁净的格子图案的桌布，上面的老式琉璃雕花花瓶总是擦得晶莹别透，里面插着的花都是后山上刚开的花，花几乎天天换，从没有过丝毫枯萎的迹象。她让我们在艰辛中明白什么是整洁与有序，让我们知道粗劣的土地上一样可以长出美丽的花。她经常说的话是：生活可以简陋，但却不可以粗糙。"

是的，生活可以简陋，但却不可以粗糙。一个注意培养自己气质的人，一定会修炼一颗精致的心。在日常生活中，点点滴滴都值得我们细细去品味，去咀嚼，去用心经营。

这种生活中点点滴滴的精致，融入一个人的血液、生命、言行中，就形成高洁的品位，就显出非凡的教养，就透出慑人的高贵。这种精致的生活只在于我们的心灵和习惯，而不在于环境的优劣。这种精致的生活越是出自恶劣的环境，它所培养出的一个人的天生风骨就越震慑人，这个人也就更是有了脱离恶劣环境的力量。

这种精致生活作为财富提升一个人的事实，在好莱坞影星赫本及她的服装设计师的人生中也有体现。当时他们都很年轻，都默默无闻，都不知道自己的未来怎样，但他们都自然而然地认为他们将是上流社会的一员，这无关金钱、地位、权势或家庭背景，而是出自他们追求卓越的信念，对工作的勤奋及天赋，毕竟与生俱来的那份优雅不是金钱能够买来的。

■ 培养领袖气质

没有人天生是领袖，也没有人天生就具有出色的管理才能。领袖的素质和管理才能是通过后天的努力和学习得来的，它是可以通过培养获得的。

"领袖气质"与出色的管理能力是不能分开的，它们如影相随。因为这种素质和能力能够使你做出本来你不会做或无法做的事情。

那么，应该怎样去培养自己的领袖气质呢？

第一，你要端正自身，带头当好表率。

"公正"是领导要学的第一课，对己公正、对人公正、对事公正，才能够树立领导的威信。

领导不能做到公正，原因是无法端正自己的内心。内心端正了，处事就没有偏私。端正内心，首先要端正自身，自身端正了，家庭就能端正，国家就能端正，天下就能端正。

《论语》中有："其身正，不令而行；其身不正，虽令不从。"这句话也是告诫领导者必须品行端正，谨慎从事，以身示范。

领导者乃世人的榜样，他的言谈举止、音容笑貌、喜怒哀乐，直接影响到部属和群众。如果他自身的行为规范得体，即使不制定任何法令（规章）、制度，人们也能自然地效法他的行为，走正道，做正事。然而，如果他自身的行为不正，胡作非为，即使制定严格的法令、法规，人们也不会执行。

> 曹操当年在军中能享有较高的威望，大小将士都乐于为他卖命，对他唯命是从，很大程度上是因为他能从自己做起，以此使将士心服口服。在寿春城大战袁术后曾发生过这么一件事：曹操班师回府时，路经一片麦田，曹操传令将士，不得践踏麦禾，违者处斩。事也蹊跷，曹操的坐骑受惊乱跑，踩坏了大片麦田。事情发生后，曹操不愿践踏自己制定的法纪，便找来行军主簿，要他依法整治自己，主簿不敢，曹操深明大义，说："吾自制法，吾自犯之，何以服众？"于是抽剑就要自刎。众人再三劝说后，曹操于是采取了折中的办法：割发代首。三军见此，哪个还敢拿鸡蛋去碰石头？这样看来，先做出样子对领导者树立威信、取得成绩十分重要。

在台上说得唾沫横飞，还不如身体力行做一回来得有鼓动性，有号召力。嘴上说得天花乱坠，讲得振振有词，做起来又是另一套，倒不如不讲不做。因为这样言行不一，无异于在脸上刻下"伪君子"几个字，让人看了骤生反感之心。一个领导者只有严格地要求自己，起带头表率作用，才能服众。更何况，己欲立而立人，己欲达而达人。只有自己愿意做的事，才能要求别人也去做；只有自己能够做到的事，才能要求别人也去做。

第二，考虑问题应尽可能周到。

考虑问题尽可能周到，处理事情的时候要多思考还有哪些不符合人性的地方。人人都用自己的方法来领导别人，但是总有一种最好的、最理想的符合人性的方法。

第三，学会独处与思考。

腾出一点时间和自己交谈、商量或从事有益的思考。领导者每天都应该花一定时间来单独思考。无法忍受孤独的人，尽量避免动脑筋，他们在心理上自己已经被自己的思想吓坏了。这些人会随着岁月的流逝而变得心胸狭窄，眼光日益短浅，行为也会变得幼稚可笑，当然不会有坚忍不拔、沉着稳健的作风。忽略了自己大脑思考能力的人不可能成为一个出色的管理者和领导者。

希望你每天都能抽出一定的时间练习合理的单独思考，并且要朝着成功的方向去思考。久而久之，你就会发现，自己已经培养起了你的领导气质、管理者的才能。

第017件事

编织自己的人脉网

中国素有把好风水宅地称为"龙脉"一说，秉承其意，那"人脉"即是能给你成功、能给你好运的千丝万缕的相互交织的人际关系网络。人脉，可谓价值百万！从你生命开始的那一天，你就和它打着交道，它是你生存的支点，没有这个支点的存在，你的生存状态将失去平衡，更谈不上辉煌灿烂。所以，有人把人脉比做钱脉、机遇、运气、资源……事实上，它确实名副其实——人脉的价值不可估量。

■ 人脉——影响成功的密码

放眼全球，有很多成功的人。但毕竟是少数，他们是我们人类中的精英。观察其成功的背后，原来人脉资源就是他们成功的密码。

可见人们成就事业的条件中，最重要的一项因素要属人脉了。在需要群策群力的事业中，如果人心所向，那么事业的成功不过是水到渠成的事，即便是在险境之中，也会出现"人心齐，泰山移"的奇迹。

人脉如此重要，难怪古往今来欲成就一番事业者，都理所当然地把争取人脉作为第一件大事来做。

春秋时齐国的田成子，灾荒年间把粮食借给老百姓，大斗借出，小斗收回来，为的就是赢得民心，赢得人脉。

商汤是商朝的开国君主，为了争取人脉，取得人民对他的支持，有一天，他在外面看见一个农民在麦田上对着一张网喃喃地说："天上来的，地上来的，四面八方飞来的鸟儿，都到网里来吧！"原来，这位农民扯起网捕猎鸟雀。商汤看了，上前对这位农民说："鸟儿呢，你愿意往左飞就往左飞，往右飞就往右飞，只有不听话的鸟儿才飞进网里来。"商汤网开三面，对禽兽开恩的事很快传开了，立即得到民众的拥护。后来，他看到夏朝的君主荒淫无道，民众饥寒交迫，为了还天下一个祥和太平，赶这个暴君下台是人心所向。他就召集部众，誓师伐夏，果然一举灭了夏朝最后一位君主夏桀，建立了商朝。这就是中国古人说的"得人心者得天下"。

古人如此，那今人又如何呢？如此复杂的道理被古人演绎得活灵活现，难道我们不该引以为鉴？想成功吗？那从你身边的人脉看起吧！

现实社会告诉我们：在这个讲究双赢或多赢的时代里，大家也逐渐认识到，一个孤军奋战的人是难以成就大业的，就算他是英雄也难显英雄本色，只有通过强大的人脉平台，才能造就传世的伟业，才能成就你一生的成功。

人际网络背后的意义，其实比我们所能想得到的还要深远。正如魏斯能在采访了 280 位企业总裁后写《不上，则下》一书时所说："那些企业的总裁们，非常注意致力于发展'双赢'互需关系的基础。他们每个人都有如何步步高升到金字塔顶端的精彩故事，而大多数人把他们的成功归功于身旁人的提拔。"

美国作家柯达同样认为："人际网络非一日所成，它是数十年来累积的成果。你如果到了 40 岁还没有建立起应有的人际关系，麻烦可就大了。"

可见，人脉已经被赋予越来越大的意义与责任，而人脉在今天的地位当之无愧：是人脉成就了事业。

在我们的日常生活和平常工作中，可以作为"人脉密码"的朋友，大抵可分为以下 3 类：

第一类朋友与工作无直接关系，但又是我们生活中必不可少的，称为"游伴"。原则上不是同行，通常是我们在参加各种研讨会、同乡会和各种社团时认识的朋友，有些可能还是"吃"出来或"喝"出来的酒肉朋友。他们不但可以成为我们掌握各行各业知识信息情报的"提供者"，帮助我们了解周围的动态，有时甚至可以成为我们的知心朋友或"监护人"，有什么事都可以拿出来商量或发泄，这种朋友俗称"哥们儿"。

第二类朋友提供给我们有关工作情报和意见，称为"情报提供者"。这种人大都从事记者、杂志和书刊的编辑、广告和公关工作，还有政府行政人员，他们信息来源及时广泛，即使你不频频请教打扰，对方也会经常提供一些宝贵的意见。

第三类朋友提供给我们有关工作方式和生活态度的意见，称为"顾问"。这种人多半是专家学者，甚至是本行内的权威人士，我们可以把他们视为前辈或师长。我们要对他们十万分尊敬，而你所得的也将是超过十万分的惊喜。

无论哪一类朋友，我们都应该尽力和他们处好关系。来日方长，总有他们大显身手的一天，也有你收获的一天。

经营好你的人脉关系网，然后，你就可以像"稳坐中军帐"的蜘蛛，猎物自然会送上门来——只需要迅速出击，就可以稳操胜券地美餐一顿，甚至以后再也不愁吃了。

■ 拓展人脉的七大战略

1. 选择战略

街上、饭店餐厅、机场、公共汽车站、酒吧、舞会、朋友聚会，处处都有不少潜藏的人脉。不妨与人谈上一两个小时，一定可以学到一点东西。出差、郊游也是拓展人脉的好机会。

但是拓展人脉一定要有选择战略相助。结人际关系，交的是真情挚友，而不是狐朋狗友，要想结交关键时刻能助自己一臂之力的朋友，平时就得多给予和付出，接纳和关心别人。长期积累下去，才能真正赢得别人的尊重和认同，才能在危难时得到人际关系的支持，这是拓展人际关系的要领所在。

2. 目标战略

建立"关系"最起码的做法就是：不要与人失去联络，不要等到有事情时才想到别人。"关系"就像一把剪刀，常常磨才不会生锈。若是半年以上不联系，你可能已经失去这位朋友了。

此外，预定可以变通的目标，试着每天打 1 ~ 10 个电话，不但要拓展自己的"人面"，还要维系旧情谊。如果一天打 5 个电话，一个星期就有 35 个，一个月下来，更可到达 100 多个。平均一下，你的人际网络中每个月大概可能增加十几个"得力人士"。

对于目标战略的实施，每一个目标都不要放过。

3. 循序战略

生活中有这样一些人，他们刚刚认识别人，就迫不及待地大谈他的伟大蓝图方向，积极寻找合作机会，结果弄得对方既没兴趣又尴尬。这类人太急于求成了，他忘了一条原则：初识不宜言利。初次相识，尽量谈一些双方共同的话题，少谈关系到自身利益的话题。熟了以后，再进一步也不迟啊!

拓展人脉时，若是拔苗助长、急于求成，只会使人离你越来越远。你的积极进取在别人眼里可能是"不择手段"、"急功近利"的。最糟的情形，可能会使我们想亲近的人纷纷逃之夭夭。

要拓展真正的关系，并不像"攻城略地"或是来个"全垒打"一般，可持续发展的人脉，应该是久而稳的。正如一位著名人士所说："我从不相信那些在 3 分钟就跟我称兄道弟的'朋友'。如果要聘用一个人来做重要的事，我一定要找信得过的人。"

4. 多"烧香"战略

有的人，"无事不登三宝殿"，有事就找你，没事时，连个人影都见不着。人际关系要不断拓展，更需经常性地烧香拜佛。要不然，就成了"狗熊掰玉米"。长期维护的人际关系，才会如陈年的酒越久越醇。

5. 记录战略

像写日记一样，数十年如一日，这可能不容易做到，然而如果有恒心、有耐力，一定"工夫不负有心人"。如果你很认真地在拓展自己的"关系"，认识的人一定不少。要追踪成果，找出真正的"贵人"，不妨记录每一次联系的情形。在记忆犹新的时候就要趁热打铁，如果等到日后再来补记，效果就大打折扣了。

可记录的要点包括：姓名、地址、联系方式、你的看法以及日后查找方法，用不着事无巨细地像在写一篇动人散文。

要有收获，一定要下不少工夫。但是，想到可以跟这么多杰出的人士见面，也是在所不惜的。一旦习以为常，也就不以拓展"关系"为苦了，反而觉得乐意、刺激。

6. 诚信战略

人正、心诚、守义、守信，才能拓展人际关系。因此，要树立"诚实守信"的公众形象。否则，人际关系越广，越是"臭名远扬"。

7. 互利战略

还有一点要提及的是，人际关系的最高战略是互惠互利。有人深谙此道，经常主动帮朋友解决一些实际困难，增加自己的价值被利用的机会。无疑，肯定是利人利己的。

■ 人脉也需要互动

要依附别人拓展自己的人脉关系网，首先必须有一个社会条件，我们所拥有的人脉资源如同做生意，也是一种平等兑换。我们跟朋友之间之所以可以维持互动关系，是因为我们各自有可以提供给对方的东西，而且这种交换可能是同等价值，也可能是不等价值，是通过交换来满足各自的需要，而且这对双方都有意义。

拓展人脉网时，也是这样，没有付出哪有收获，天下没有免费的午餐，拿出你的，获取他的。这样的互动，双方都不吃亏，何乐而不为？

里昂那多就职于纽约市一家大银行，奉命写一篇有关某公司的机密报告。他知道某一个人拥有他非常需要的资料。于是，里昂那多先生去见那个人，他是一家大银行的董事长。当里昂那多先生被迎进董事长的办公室时，一个年轻的妇人从门边探头出来，告诉董事长，她这天没有什么邮票可给他。

里昂那多觉得很纳闷，怎么董事长还有集邮的爱好。

"我在为我那 10 岁的儿子搜集邮票。"董事长对里昂那多解释。

里昂那多先生说明他的来意，开始转入话题。董事长的说法很含糊、笼统、模棱两可，可以说没有什么有价值的信息。他根本就不想把实情说出来，无论怎样试探都没有效果。这次见面的时间很短，事实上也没有实际效果。

"坦白说，我当时不知道怎么办，"里昂那多先生说，他把这件事在希尔班上提出来，"接着，我想起他的秘书对他说的话——邮票，10 岁的儿子……我也想起我们银行涉外部门搜集邮票的事——从来自世界各地的信件上取下来的邮票。

"第二天早上，我再去找他，一传话进去，我有一些邮票要送给他的孩子。我是否很热诚地被带进去了呢？是的。他满脸带着笑意，客气得很。'我的吉米将会喜欢这些，'他不停地说，一面抚弄着那些邮票，'瞧这张！这是一张价值连城的稀世珍藏。'

"我们花了两个小时谈论邮票，看他儿子的照片，然后他又花了一个多小时，把我所想要知道的资料全都告诉我——我甚至都没提醒他那么做，他把他所知道的，全都告诉了我，然后叫他的秘书进来，问他们一些问题。他还打电话给他的一些同行，把一些事实、数字、报告和档案全部告诉我。以一位新闻记者的专业水准说，我大有收获。"

里昂那多通过邮票的互动，不仅完成了任务，还与董事长有了较深刻的沟通。俗话说："你敬我一尺，我敬你一丈！"人脉中的微妙就在于此！

想一想，目前你的人脉网有多大，你想扩展你的人脉资源吗？这个世界上没有人可以控制你人脉网的大小，唯有你自己可以掌握它，可以无限大，也可以无限小，这要看你的打造程度了，甚至于你的人脉网可以是这星球上的总人口。

你有一个香蕉，我也有一个香蕉，如果彼此交换，还是各有一个香蕉。但是，倘若你有一种建议，我有另一种建议，而彼此交流这些想法，那么，我们就各有两种建议。你有一个非常好的人脉网，我有一个非常好的人脉网，如果我们互相交换，那么，你有两个人脉网，我也有两个人脉网。所以，扩展人脉资源最有效的方法就是与别人互动人脉资源。

第 018 件事

读懂你周围的人

通常情况下，人们都很难从对方的表情或者言谈举止来断定其心情和目的。难过的时候，他可能微笑着面对周围的人；兴奋的时候，他也可能故作沉思低头不语。因此，这时他说出来的话、做出来的事不一定出自内心的本意。这正如同有人所言："人人都戴上了虚伪的面具。"这面具随着年龄的增大，生活阅历的增多，戴得越来越巧妙，越来越难以被人发觉，这就增加了我们处世的难度。

你或许看到每个人都面带微笑向你走来，那面孔无论是熟悉还是陌生；看到中途相遇的双方，相互拍肩问候，溢美之词不绝于耳，无论是故友还是初识；看到请求帮助时，对方拍胸顿首、信誓旦旦地承诺。这样，在人际交往中，你以不设防的真诚向朋友敞开心扉。然而，当你在人生路上栽了跟头，才发觉那微笑原来并非发自内心，那问候和赞美背后深藏着陷阱。

这便是生活的复杂性，它向我们展示了一幅人心难测的图画。于是，辨识朋友真伪、提防落入他人陷阱就成为社交活动中不可或缺的一部分。

■ 识别人心三部曲

孔子曾说过："视其所以，观其所由，察其所安，人焉廋哉？人焉廋哉？"

这也即识别人心的三部曲："视其所以"—— 看他的动机是什么；"观其所由"——知道他的来源、走过的道路；"察其所安"——再看看他平常做人是安于什么，能不能安于现实。

"视其所以"，是指要了解一个人就要看他做事的目的和动机。动机决定手段。周恩来为中华之崛起而读书，苏秦为扬名于天下而"锥刺股"，易牙为篡权而杀子做汤取悦于齐桓公。我们要看他做什么，更要看他为什么这样做，如果我们仅被表面的现象所迷惑，我们对人的认识又有多少呢？

"观其所由"，就是看他一贯的做法。君子也爱财，但君子和小人不同，小人可以偷，可以抢，可以夺，甚至杀人越货，君子却做不来，即使财如同身旁的鲜花可以随意采撷，他也要考虑是不是符合"道"。有时候不在乎做什么、做多大、做多少，而要看他怎么做——官做得大，却是行贿得来的，钱赚得多，却是靠坑蒙拐骗得来，那也为人所不齿。

"察其所安"，就是说看他安于什么，也就是平常的涵养。比如浮躁，比如急功近利，比如一有成绩就自视甚高、目中无人，比如一遇挫折就垂头丧气、怨天尤人，都是没有涵养的表现。这样的人做事常常半途而废，交友有可能背信弃义。只有踏实安静的人才能威临世界而不被身外之物所包裹。想想吧，越王勾践如果没有静心怎么能卧薪尝胆？司马迁如果沉不下心，遭受宫刑的痛苦将缠绕终生，哪还有什么心思写《史记》？韩信如果没有静心，早成为流氓的陪葬品，哪还能帮助刘邦成就霸业？静心是在寂寞中的坚韧，在困苦中的达观，在迷离中的坚定，在失败中的自信，在成功中的沉稳。有如此品质的人，谁又能怀疑他呢？

用这三点去识人，又怎么不能够把人看明白呢？"人焉廋哉？人焉廋哉？"孔子连说了两遍，似在肯定，又似乎在提醒人们做到这一点是多么不容易！

人海茫茫，世事无常。要想真正了解一个人很难，在这里，孔子为我们知人、识人提供了一个十分有效的方法。

■ 见微知著察人法

生活中有许多人，他们的外貌和本质有很大的不一致性：有表面庄重严肃而行为却不检点的；有外表温良敦厚而偷鸡摸狗的；有貌似恭敬而心怀轻慢的；有外表廉洁奉公而暗地受贿的；有看似真诚专一而实际无情无义的；有貌似威严而内心懦弱的。这些就是人的外表与内心世界不相一致的种种情况。

我们应学会从对方每一个细微的动作、每一种习惯中，窥一斑而知全豹，分辨人的本质和心志。

> 曹操晚年曾让长史王必总督御林军马，司马懿提醒他说："王必嗜酒性宽，恐不堪任此职。"曹操反驳说："王必是孤披荆棘历艰难时相随之人，忠而且勤，心如铁石，最是相当。"不久，王必便被耿纪等叛将蒙骗利用，发生了正月十五元宵节许都城中的大骚乱，几乎导致曹氏集团的垮台。

司马懿从王必嗜酒这一习性而预见此人日后将铸大错，以一斑而窥全豹。曹操在任用王必上一叶障目，与司马懿慧眼识人有高下之分。

> 英国曼彻斯特市有位医生想在他的学生中找一名具有敏锐观察力的人当助手。一次在临床带学生时，当众用指头蘸一下糖尿病人的尿液，然后用舌头舔其"甜"味，接着要求所有的学生跟着做。大多数学生都愁眉苦脸地用同样的方法舔尿液，只有一个女学生发现自己的老师用来蘸尿的是一个指头，舔的却是另一个指头，她也如此仿效。这位医生认为这个女学生具有他需要的敏锐的观察力，于是就让她当自己的助手。

一个人的学问、气质、秉性、喜好，可以通过不同的渠道反映出来，小到随地吐痰、排队加塞儿，大到政治倾向、人生追求，等等。

识别人物的诀窍就是能从表面现象和外部行动中看出人的真实本性，这也是识人能否准确的关键。但人又是变化的，对人的识别不能停留在若干年之前的印象中。"士别三日，当刮目相看"，有时，一个人变化之迅速与彻底，是超乎人们想象的。在人的变化中，有先廉洁后腐化的，有先邪恶后善良的，有先谦恭后傲慢的，识别人时都要充分考虑到。

■ "打听"他人的真面目

人总是要和其他人交往，同时本性也会暴露在不相干的第三者面前，也就是说，他不一定认识这第三者，可是第三者却知道他的存在，并且了解他的思想和行为。人再怎么戴假面具，在没有舞台和对手的时候，这假面具总是要拿下来的，所以很多人就看到了他的真面目。而当他和别人交往、合作时，别人也会对他留下各种不同的印象。因此你可向不同的人打听，打听他的为人、做事、思想。每个人的答案都会有出入，这是因为各人好恶有所不同之故。你可把这些打听来的资讯汇聚在一起，找出交集最多的地方和次多的地方，那么大概就可以了解这个人的本来面目；而交集最多的地方，差不多也就是这个人性格的主要特色了——如果 10 个人中有 9 个说他"坏"，那么你就要小心了；如果 10 个人中有 9 个说他"好"，那么和他往来应该不会有问题。

不过打听也要看对象，向他的密友打听，听到的当然都是好话，向他的"敌人"打听，你听到的当然坏话较多！不过"敌人"说得比密友又较接近真相。最好能多问一些人，不一定是他的朋友，同事、同学、邻居都可以问，重要的是，要把问到的综合起来看，不可仅听某个人的话。

打听还要讲技巧，问得太白，会引起对方的戒心，不会告诉你实话，最好用聊天的方式，并且拐弯抹角地套。这种技巧需要磨炼，不是三两天可以学到的。

此外，你也可以看看对方交往的都是哪些人。

人们常说"物以类聚"、"龙交龙，凤交凤"，意思是什么样的人就和什么样的人在一起，因为他们价值观相近。所以性情耿直的就和投机取巧的人合不来，喜欢酒色财气的人也绝对不会跟自律甚严的人成为好友！所以观察一个人的交友情况，大概就可以知道这个人的性情了。

除了交友情况，也要看他对待父母如何，对待兄弟姐妹如何，对待邻人又如何。如果你得到的是负面的答案，那么这个人你必须小心，因为对待至亲都不好了，他怎么可能对你好呢？若对你好，绝对是另有所图。

如果他已结婚生子，那么也可看他如何对待爱人和儿女，对待爱人和儿女若也不好，这种人也必须提防。

学习识人，并不会让自己变狡诈，相反，它是一种保护自己的好方法，像防身术一样不可或缺。

俗话说："知己知彼，才能百战不殆。"行走社会，读懂他人也就显得尤为重要。

第 019 件事

掌握和朋友的相处之道

在人生旅途中，每个人都应该努力多结交一些朋友，以便建立起广泛、密切的人际关系，而如何经营以维持长久良好的朋友关系就显得尤为重要。下面几个方案是与朋友相处的最佳措施，希望对大家有所帮助。

■ 学会宽容，忘记朋友的坏处

阿拉伯名作家阿里，有一次和吉伯、马沙两位朋友一起旅行。三人行至一个山谷时，马沙失足滑落，幸而吉伯拼命拉他，才将他救起。马沙就在附近的大石头上刻下了："某年某月某日，吉伯救了马沙一命。"三人继续走了几天，来到一条河边，吉伯与马沙为了一件小事吵起来，吉伯一气之下打了马沙一耳光，马沙就在沙滩上写下："某年某月某日，吉伯打了马沙一耳光。"

当他们旅游回来之后，阿里好奇地问马沙为什么要把吉伯救他的事刻在石上，而将吉伯打他的事写在沙上，马沙回答："我永远都感激吉伯救我。至于他打我的事，随着沙滩上字迹的消失，我会忘得一干二净。"

阿拉伯著名诗人萨迪说："谁想在困厄中得到援助，就应在平日待人以宽。"记住别人对我们的恩惠，洗去我们对别人的怨恨，这样的人生才会阳光明媚。

一位朋友说："我只记着别人对我的好处，忘记了别人对我的坏处。"因此，这位朋友受到大家的欢迎，拥有很多至交。别人对我们的帮助，千万不可忘了；反之，别人倘若有愧对我们的地方，应该乐于忘记。

乐于忘记是一种心理平衡。有一句名言说："生气是用别人的过错来惩罚自己。"老是"念念不忘"别人的"坏处"，实际上最受其害的就是自己的心灵，搞得自己痛苦不堪，何必呢？这种人，轻则自我折磨，重则就可能导致疯狂的报复。乐于忘记是成大事者的一个特征，既往不咎的人，才可甩掉沉重的包袱，大踏步地前进。乐于忘记，也可理解为"不念旧恶"。

人要有点"不念旧恶"的精神，况且在许多情况下，人们误以为"恶"的，又未必就真的是"恶"。退一步说，即使是"恶"，对方心存歉意，诚惶诚恐，你不念恶，礼义相待，进而对他格外地表示亲近，也会使为"恶"者感念其诚，改"恶"从善。

最难得的是将心比心，谁没有过错呢？当我们有对不起别人的地方时，是多么渴望得到对方的谅解！是多么希望对方把这段不愉快的往事忘记！我们为什么不能用如此宽的心态理解他人？

■ 保持距离，避免相互伤害

蕨菜和离它不远的一朵无名小花是好朋友。每天天一亮，蕨菜和无名小花都扯着嗓子互致问候。日子久了，两人都把对方当成自己最知心的朋友。同时，它俩发现，由于相距较远，每天扯着嗓子说话很不方便，便决定互相向对方靠拢，它们认为彼此之间距离越近，就越容易交流，感情也越深。

于是，蕨菜拼命地扩散自己的枝叶，它蓬勃地生长，舒展的枝叶像一柄大伞一样，无名小花则尽量向蕨菜的方向倾斜自己的茎枝，它俩的距离也越来越近了。

出乎意料的是：由于蕨菜的枝叶像一柄张开的大伞，它不仅遮住了无名小花的阳光，也挡住了它的雨露。失去阳光和雨露滋润的无名小花日渐枯萎，它在伤心之余，不再与蕨菜共叙友情，相反，还认为是蕨菜动机不良，故意谋害自己，便在心里痛恨起蕨菜来。

蕨菜呢，由于枝叶过于茂盛，一次狂风暴雨之后，它的枝叶被折断许多，身子光秃秃的。看着遍体鳞伤的自己，蕨菜把这一切后果都归咎于无名小花，如果没有无名小花，它也绝不会恣意让自己的枝叶疯长的。

于是，一对好朋友便反目成仇了。

距离是人际关系的自然属性，有着亲密关系的两个朋友也毫不例外。成为好朋友，只说明你们在某些方面具有共同的目标、爱好或见解，以及心灵的沟通，但并不能说明你们之间是毫无间隙，可以融为一体的。任何事物都存在着其独自的个性，事物的共性存在于个性之中。共性是友谊的连接带和润滑剂，而个性和距离则是友谊相吸引并永久保持其生命力的根本所在。

人一辈子都在不断地交新朋友，但新朋友未必比老朋友好，失去友情更是人生的一种损失，因此要强调：好朋友一定要"保持距离"！

"保持距离"就是不要太过亲密。也可以说，心灵是贴近的，但肉体是保持距离的。能"保持距离"就会产生"礼"，尊重对方，这礼便是防止对方碰撞而产生伤害的"海绵"。

许多人常有一个错误的想法，挚友之间无须讲究礼仪，因为好朋友彼此之间熟悉了解，亲密信赖，如亲兄弟，财物不分，有福共享，讲究礼仪拘束便显得亲疏不分，十分见外了。有些人自以为朋友和自己心心相印，说什么他都不会计较，就对他当面诉说你对他本人的不满。如你的朋友并不像你想象的那么大度，则很有可能记恨在心，而伺机暗中布设圈套陷害你。因此，你在坦言之前，最好是认真思考一下后果，看对方是否能够接受，是否会产生逆反心理，是否感到你的行为过于轻率，是否会影响到你们之间的友谊。

其实，朋友关系的存续是以相互尊重为前提的，容不得半点强求、干涉和控制。彼此之间，情趣相投、脾气对味则合、则交，反之，则离、则绝。朋友之间再熟悉、再亲密，也不能随便过头、不恭不敬，这样，默契和平衡将被打破，友好关系将不复存在。维持朋友亲密关系的最好办法是往来有节，互不干涉，久而敬之才能天长地久。

■ 尊重朋友，倾听他们的意见

在生活中常会看到，有些人因为喜欢表示和别人意见不同而得罪了许多朋友。所以，常常有些人总是劝人不可以在意见上与人作对，与人冲突。这种看法，其实是很片面的。无论一个人多么爱面子，除了极少数的人外，大多数人都更喜欢忠实的朋友。不信你就试一试，如果你认识一个人，如果你对他的每一句话都随声附和，没有说一个不字，第一次见面他也许很高兴，但不久之后，他就会觉得你完全是一个圆滑的人。处处都随声附和的应声虫，是没有人看得起你的。

那么，怎样才能对人老老实实表达自己的意见，而又不会得罪人呢？

首先，你只要细心观察社会和人生你就会发现，只要你的办法是对的，向别人表达自己的不同意见，不但不会得罪人，而且有时还会大受欢迎，使人有"与君一席话，胜读十年书"之感。

你要知道，得罪人的不是你的意见本身，而是你对别人意见的态度。如果在你表示不同意时，把自己的意见看作绝对是对的，而把别人的意见看作是愚蠢幼稚的、荒诞无稽的，那你就伤害了朋友的自尊心，而且还伤得很厉害。

其次，要遵守一个铁的原则：在你表示自己的意见的时候，你要假定自己的意见也可能有错。你不要强迫人们立刻相信你的意见，你要容许他们有充分的时间来考虑你的意见，而且还要供给他们考虑你的意见的根据。若要朋友和你自己一样地相信你的意见，你必须提供给对方相当充分的资料，让人足够相信你的意见，既不是盲从，也不是武断。

最后，你还要表示愿意考虑别人和你不同的意见，请对方提出更多的说明、解释和证据使你相信。你要表示，如果对方能够使你相信他的意见，那么，你就立刻抛弃你自己原来的看法。

一方面老老实实地说出自己真正的看法，一方面又诚诚恳恳地尊重别人的意见，这样才是最理想的交谈方式。

第 020 件事

拒绝他人一定要讲求艺术

因为我们的能力所限，很多时候不能满足一些有求于我们的人。那么情势所迫，拒绝他人，对他说"不"也就在所难免。可拒绝的话很难说出口，一怕伤对方自尊，二怕破坏彼此的关系。但不得罪人的拒绝有没有呢？

不可否认，被人拒绝会感到失望或生气。不过，如果对方说的话有艺术，那么被拒者心中也许就不会生出那么多的不平来。

语言是一种艺术，拒绝则是最难掌握的一门语言艺术。

生活中，不可能不拒绝别人，如果每次拒绝都带来隔阂，带来仇视、敌意，那最后必将成为孤家寡人，想远离孤独，就要学会拒绝这门必修课，掌握拒绝他人的方法。

■ 幽默回绝法

这也是一种很好的方法。

例如，汤姆很友善地向汉斯打招呼：

"你怎么了？好像很没精神呀！"

"是呀，最近为了还债到处筹钱，搞得身心疲惫，晚上烦恼得睡不着觉！你能不能帮帮忙呀？"

"当然可以啊！明天我就带给你我家的特效安眠药。"

幽默拒绝是希望对方知难而退。例如，有人想让庄子去做官，庄子并未直接拒绝，而是打了一个比方，说："你看到太庙里被当作供品的牛马吗？

当它尚未被宰杀时，披着华丽的布料，吃着最好的饲料，的确风光，但一到了太庙，被宰杀成为供品，再想自由自在地生活，可能吗？"庄子虽没有正面回答，但一个很贴切的比喻已经回答了，让他去做官是不可能的。

钱钟书在拒绝别人时用了一个奇妙的比喻。一次，钱钟书在电话里对想拜访他的英国女记者说："假如你吃了个鸡蛋觉得不错，又何必认识那个下蛋的母鸡呢？"用下蛋的母鸡比喻自己，不但巧妙生动，而且表现了钱老和蔼的性格，幽默风趣地拒绝了拜访。

■ 回避主要问题法

通过回避主要问题，而将话题引向细枝末节，这样的回绝是很高明的。

为了加薪的问题，员工代表使出了眼泪战术，向老板哀求说："老板，请你一定要帮帮忙，现在这点薪水我实在无法和我太太继续在一起生活下去呀！"

老板回答说："好吧！那么我会出面来说服你太太不要跟你离婚。"

大个子吉姆是一位被公司冷落的老主任。有一天，某部门经理拍着他的肩膀说："吉姆，你看是不是要早日把你的职位让给年轻人？"

"好啊！就这么办！"

"咦，你愿意？"

"是啊！不过俗话说'鸟去不浊池'，所以我有一个请求，希望能让我把正在进行的工作彻底完成再走。"

"哦！这是理所当然的。不过,你那个工作预计什么时候可以完成呢？"

"我想，大概还要 10 年吧！"

这回答乍一听，似乎老主任是个很大度的人，不计较个人利益，然后他找了一个听来冠冕堂皇的借口"站好最后一班岗"，而部门经理不知道，这正是他回绝的理由，迂回中才表露出来。这位老主任的拒绝艺术实在令人叹服。

■ 巧妙转移法

不好正面拒绝时，可以采取迂回战术，转移话题也好，另有理由也好，主要是善于利用语气的转折——绝不会答应，但也不致撕破脸。比如，先向对方表示同情，或给予赞美，然后再提出理由，加以拒绝。由于先前对方在心理上已因为你的同情而对你产生好感，所以对于你的拒绝也能以"可以谅解"的态度接受。

比如有人约会你，打算请你吃饭或看电影，此时你就可以这么说："真荣幸接到你的邀请，只是不巧，我今天刚好有约，改天怎样？"

■ 要以非个人的原因作为借口

拒绝他人，最困难的就是在不便说出真实原因时又找不到可信而合理的借口，那么，不妨在别人身上动动脑筋，比如借口说你的家人方面的原因。一位生活惬意的家庭主妇自称她的生活之所以能如此安宁，就是因为她懂得巧妙地拒绝别人。当一个推销员敲她家门时，她的态度礼貌而坚定："我丈夫不让我在家门前买任何东西。"你看我不买你的商品，不是因为我不愿意掏腰包，而是因为我那个有点古怪的丈夫。这样一来，推销员既不会因为你没买他的东西而怨恨你，同时也感到再说下去也是白费口舌，因为问题不在于你，而在于你那个他并未谋面的丈夫，于是，他只好作罢。

■ 用最委婉和气的方式来表达你的意见

一位热情奔放的老妇人决定与年轻的女邻居交朋友，她发出邀请："欣迪，你明天上午到我家来玩，好吗？"欣迪脸上露出温和宽厚的笑容说："不行啊！"她的拒绝既友好又温情，但态度又是那么坚决，老妇人只好作罢。

所以，当你无法满足别人的请求时，而又不能或无须找任何借口时，就用最委婉、最友善、最真诚的语言拒绝他，把他对你的期望值降到零。

拒绝不仅是一门艺术，更是化解人际交往中的隔阂的良方，掌握了这门艺术你就既能尽情享受和别人的感情，又能最大限度地维护自己的利益。

第 021 件事

学会倾听

　　上帝造人的时候，为什么只给人一张嘴，却给人两只耳朵呢？那是为了让我们少说多听。

　　善于倾听是一个人沟通成功的出发点。倾听既是我们取得关于他人第一手信息、正确认识他人的重要途径，同时也是我们对他人表示尊重的最好方式。美国哈佛大学校长劳伦斯·萨默斯说过："生意上的往来，并无所谓的秘诀……最重要的是，要专注眼前同你谈话的人，这是对那个人最大的尊重。"

■ 善于倾听比滔滔不绝更有力量

　　我们知道，如果一个商人租用豪华的店面，陈设橱窗动人，为广告花费数千元，然后雇用一些不会静听他人讲话的店员——中止顾客谈话、反驳他们、激怒他们，甚至几乎要将客人驱出店门的店员，那么，他的店面布置得再豪华，恐怕过不了多久也是要关门的。

　　杰克是美国一家百货商店的经理，他良好的倾听习惯是他解决客户抱怨的关键。

　　有一天，一名叫乌顿的先生在杰克负责的百货商店买了一套衣服。这套衣服令人失望：上衣褪色，把他的衬衫领子都弄黑了。

　　后来，他将这套衣服带回该店，找到卖给他衣服的店员，告诉他事情的情形。他想诉说此事的经过，店员却把他打断了。"我们已经卖出了数千套这种衣服，"这位售货员反驳说，"你还是第一个来挑剔的人。"

正在激烈辩论的时候，另外一个售货员加入了。"所有黑色衣服起初都要褪一点颜色，"他说，"那是没有办法的，这种价钱的衣服就是如此，那是颜料的关系。"

"这时我简直气得起火，"乌顿先生讲述了他的经过，"第一个售货员怀疑我的诚实，第二个暗示我买了一件便宜货。我恼怒起来，正要与他们争吵，此时，一名叫杰克的经理走了过来，他懂得自己的职责。正是他使我的态度完全改变了。"他将一个恼怒的人，变成了一位满意的顾客。他是如何做的？他采取了 3 个步骤。

"第一，他静听我从头至尾讲我的经过，不说一个字。

"第二，当我说完的时候，售货员们又开始要插话发表他们的意见，他站在我的观点与他们辩论。他不仅指出我的领子是明显地为衣服所污染，并且坚持说，不能使人满意的东西，就不应由店里出售。

"第三，他承认他不知道毛病的原因，并率直地对我说：'你要我如何处理这套衣服呢？你说，我照办。'

"就在几分钟以前，我还预备要退货。但我现在回答说：'我只要你的建议，我要知道这种情形是否是暂时的，是否有什么办法解决。'

"他建议我这套衣服再试穿一个星期。'如果到那时仍不满意，'他许诺，'请你拿来换一套满意的。让你这样不方便，我们非常抱歉。'

"我满意地走出了这家商店。一星期后，这衣服没有毛病。我对于那商店的信任也完全恢复了。"

柔能克刚，乌顿的经历告诉我们，始终挑剔的人，甚至最激烈的批评者，也会在一个有忍耐和同情心的静听者面前软化、降服。

相信读到此处，你已经感受到倾听的力量了吧！

■ 不要让空气中充满你一个人的声音

在美国，曾有科学家对同一批受过训练的保险推销员进行过研究。因为这批推销员受过同样的培训，业绩却差异很大。科学家取其中业绩最好的 10% 和最差的 10% 作对照，研究他们每次推销时自己开口讲多长时间的话。

研究结果很有意思：业绩最差的那一部分人，每次推销时说的话累计为 30 分钟；业绩最好的那一部分人，每次累计只有 12 分钟。

为什么只说 12 分钟的推销员业绩反而好呢？

很显然，他说得少，自然听得多，听得多，对顾客的各种情况自然了解得就多，自然会采取相应措施去解决问题，结果业绩自然优秀。

琼斯是精装图书经销商，每个星期，她都要去拜访几位著名的美术家。这些人从来不拒绝她，但也从来不买她的书籍。他们总是很仔细地翻着琼斯带去的图书，然后告诉她："很遗憾，我不能买这些图书。"

琼斯感到有些奇怪，于是她就去和一位学习心理学与人际关系学的朋友聊天。这位朋友仔细问了她推销的经过后，对她说："你把他们给镇住了，所以他们不敢买。"

琼斯应该是个敬业姑娘，她原来就有较为不错的美术功底，但她说话缺少技巧。每次推销时，她都是很热情地告诉对方："这一部画册你一定没有见过，它是现代最……的图书。"朋友告诉琼斯："你不妨把书送上门，让他们自己去品评。"

琼斯自己也醒悟到过去的方法有些不妥。于是她又带着几本画册，经过朋友介绍，去了一位新客户家中。到了那里后，她并不忙着推销书籍，而是左顾右盼，用心欣赏这位美术家朋友的作品。对一些不太懂的地方，她总是及时提出来请教这位美术家。

这位美术家来了兴致，不知不觉中，两人已经聊了两个小时。最后，琼斯请教这位美术家道："以您这么深厚的美术功底，您能否帮我看一下这几本书，看看到底哪一本更实用、更权威。"

因为时间不多了，两人约定第二天再见面。第二天，琼斯再去取书时，这位美术家已经认认真真地写出一份评价意见。字数不多，但是很中肯。琼斯谢过了这位美术家，这位美术家主动告诉琼斯："我自己想订购几本这种画册。另外，我和我几个朋友都联系了一下，他们也愿意看一看。"

琼斯听了表示感谢，并在这位美术家的引见下，一下子又推销出了好几套大型画册。

琼斯后来说："以前我只忙着介绍图书，总认为他们没见过的就一定是他们需要的。现在我才明白，如果虚心请教他们，他们会觉得你是把他们当专家来看待。他们觉得这些图书是通过他们自己的眼光鉴别出来的，用不着我去向他们推销，他们自己就会买。"

生活中许多人常犯这样的毛病，一旦打开话匣，就难以止住。其实，这种人得不偿失，因为他们自己付出的太多，话说得多了，既费精力，又给他人传递太多的信息，还有可能伤害他人。另外，他们无法从他人身上吸取更多的东西，当然问题不在于别人太吝啬，而是他不给别人机会。看来，那些说个不停者确实该改改自己的毛病了，否则会吃更多亏。尤其是推销员常犯这种错误，为了使别人同意他们的观点，总是费尽口舌。切记，要让对方尽情地说话！他对自己的事业和自己的问题了解得比你多，所以向他提出问题吧，让他把一切都告诉你。

如果你不同意他的话，你也许很想打断他，但千万不要那样做，那样做很危险。当他有许多话争着要说的时候，他不会理你。因此，你要耐心地听着，以一种开阔的心胸，诚恳地鼓励他充分地说出自己的看法。

当然，也不能只是听对方的谈话，自己偶尔也要跟着说几句，这一点非常重要。比如对方说："我对钓鱼很感兴趣。"这时你如果能这样说："我没钓过鱼，但钓鱼一定很有意思吧！"或是："您能把钓到的鱼亲手做成菜吗？"这样对话就可以顺着自己的问话展开，谈话也就得以顺利进行下去。

交流是双向的，在听完对方的谈话后，自己也要说一些话题。此时自己就变成说者，对方变成听者。这样不断互换位置的谈话就好像投接球的练习一样，是交流取得成功的第一步。

■ 倾听他人说话的原则

在倾听他人谈话的时候，我们应该遵循以下原则：

1. 不要妄自评断

林语堂说过，如果人一生下来就带着一个 40 岁的头脑，人们在兴趣爱好上的差别就会小得多。所以不要以自我为中心，你自己是妨碍有效倾听的最大障碍，会不知不觉被自己的兴趣和想法所缠住，而漏失了别人想透露的东西。

2. 不要预设立场

如果你·开始就认定对方很无趣或已有答案，你就会不断从对话中设法验证你的观点，结果你所听到的都会是无趣的。抱定高度期望值会让对方努力表现出他良好的一面。好的倾听者不必完全同意对方的看法，但是至少要认真接纳对方的话语，点头，并不时地说"原来如此"、"我本来不知道"，说不定他说的是正确的，你或许也可以从中获益。

3. 注重肢体语言

有资料显示，在良好的沟通中，话语只占 7%，音调占 38%，而非言语的讯号占 55%。眼睛注视对方，不时点头称是，身体前倾，微笑或痛苦的脸部表情等都是用肢体语言来表达你的意思。

当然，最为关键的并不是你到底应该采取哪一种倾听技巧，因为这绝不是一件机械化或一成不变的事。这些只是当你感觉很好时可以用的几个方式，它们会使跟你谈话的人变得更有兴致。

每次当你开始谈话的时候，就想着这一点：如果你要使人喜欢你，那就学会倾听，那样会让你处处受人欢迎。

第 022 件事

让别人轻松接受你的建议

俗话说："旁观者清。"看到他人身上存在的问题并提出建议是很容易的，但是让别人轻松地接受建议却很难。如果你不讲究提出建议的方式方法，那么别人不仅不会接受，还会产生反感甚至怨恨的心理。

我们必须承认这样一个事实，无论犯了多么严重的错误，99% 的人不会反躬自责、诚心认错，当受到批评时，第一反应就是为自己辩解。所以，毫无顾忌地批评，不可能收到好的效果。如果想让别人轻松地接受你的建议，就必须曲径通幽，讲究表达的方式和方法。

■ 给药加点糖

一种苦味的药丸，外面裹着糖衣，使人感到甜味，容易一口吞到肚子里去。于是，药物进入胃肠，发生了效用，疾病就治好了。我们要对人说批评的话，在说以前，先给人家一番赞誉，使人先尝一点甜头，然后再说批评的话，人家也就容易接受了。

约翰·卡尔文·柯立芝于 1923 年登上美国总统宝座。这位总统以少言寡语出名，常被人们称作"沉默的卡尔"，但他也有出人意料的时候。

> 柯立芝有一位漂亮的女秘书，人虽长得不错，工作中却常粗心出错。一天早晨，柯立芝看见秘书走进办公室，便对她说："今天你穿的这身衣服真漂亮，正适合你这样年轻漂亮的小姐。"

这几句话出自柯立芝口中，简直让秘书受宠若惊。柯立芝接着说："但也不要骄傲，我相信你的公文处理也能和你一样漂亮的。"果然从那天起，女秘书在公文上很少出错了。

一位朋友知道了这件事，就问柯立芝："这个方法很妙，你是怎么想出来的。"柯立芝得意扬扬地说："这很简单，你看见过理发师给人刮胡子吗？他要先给人涂肥皂水。为什么呀？就是为了刮起来使人不痛。"

柯立芝巧妙地提出了自己的意见，既没有伤和气，又使他的秘书欣然接受，我们不得不承认他的高超。

可见，良药不必苦口，忠言也不必逆耳，在不改变药效的情况下，不妨给苦药加点糖。

■ 给上司提意见，不妨正话反说

在工作中，往往会出现与上司意见不同或是与上级管理部门意见出现分歧的情形。

毫无疑问，这个关头跟上司叫板需要勇气，也需要智慧。言辞不当，会影响上司的心情，也会引起上司的反感，极端的还可能被上司开除，得不偿失。

但是如果不把相反意见表达出来，自己会感觉憋屈，而且如果上司指挥错误出现不良后果影响了工作，最后承担责任的是你自己。并不是所有的上司都比下属强，也不是所有的上司都能做出百无一失的正确决定。

所以，有了不同意见，要表达，但更要善于表达。

古时候，有一位君王的爱马死了，他非常伤心，下令以上等棺木、行大夫礼节厚葬。文武大臣纷纷阻拦进谏，但君王一个字都听不进去，还下令说谁要再敢提相反意见，一律处死。

所有的大臣都意识到问题的棘手，一个个面面相觑，不敢上前自取其辱。这件事被一个功成身退的老臣知道了，他身穿重孝，进入大殿，失声痛哭，倒把君王弄得异常纳闷，迫不及待地问他怎么回事。老臣说："那马是大王最喜欢的，却要以大夫的礼节安葬它，太寒酸了，请用君王的礼节吧！"

君王听了很高兴，但老臣接下去说："请以美玉雕成棺……让各国使节共同举哀，以最高的礼仪祭祀它。让各国诸侯听到后，都知道大王以人为贱而以马为贵啊。"

至此，君王才意识到自己差点犯了一个贻笑大方的错误，于是放弃了这个想法。

如果这位老臣一开始就凭借自己的地位，直陈利弊，凛然赴义，固然令人肃然起敬，效果却不一定好，还很可能使君王恼羞成怒。像这样正话反说，力挽狂澜，更是让人拍案叫绝。

跟上司提相反的意见，有些时候你的话是不好直接说出来的，为了避免尴尬，不妨从其反面说起。因为真理再向前一步就变成谬误，同样，反面的话稍加引申，就可能使上司认识到自己的不对，自然就会改变他原来的意见，而且这样上司也不会觉得你不给他面子。

■ 让别人轻松接受建议的方法

对别人的缺点提出善意的批评、对别人的不足提出自己的意见，这样往往能赢得对方的信任，甚至将你视为他的知己。

那么，我们怎样做，才能让别人轻松地接受建议呢？

1. 态度要真诚

提意见首先应该是对他诚心诚意的关怀。当你对某人提出意见时，如果对方发现你并不是为了关心他才提醒他，而是出于你个人的某种意图，他马上会站到与你敌对的立场上。

另外，还应该抱着体谅的心情。他固然在某些方面做得不对，但是他可能有难言的苦衷。所以在提出意见的时候，还要体谅他的难处，不要一味地强求或大加责难。必要的时候要深入他的内心，帮助他彻底地解决"心病"。

2. 了解真实情况

给他人提意见时千万不要捕风捉影。只有了解了事实，你才能清楚地判断是否有必要提出意见，提出意见的角度怎么选择，提出意见以后会有怎样的效果。

如果你是公司的一位职员，在对公司的计划背景缺乏了解的情况下就对其提出自己的看法，自然不可能获得领导的信赖，相反，他会认为你思考问题不够周到；尚未了解朋友的意图，就对他的行为妄加非议，他会认为你对他没有尽一个朋友的责任。

凭借听到的信息给他人提意见，容易引起误解。这时补救的办法是与他沟通，听听他怎么说，等了解清楚事实之后再想办法消除误解。

3．注意措辞

掌握了事实真相和对方的心理，就该拿出勇气来提出自己的意见，指出他应该改善的错处。当然要注意你的措辞，否则就容易得罪人。

"现在的年轻人自以为是"，"别理他，反正我们没有损失"，"这样太可笑了……"诸如此类的措辞永远都是失败的。提建议的时候，必须顾及他人的情绪和尊严，在措辞上应该谨慎而稳妥。

4．注意场合

要注意，提出意见时，切忌在大庭广众之下。因为提出意见的时候必然涉及他的短处，触动他的伤疤，而每个人都有自尊心，被当众揭短时，情面上很容易下不了台，从而很容易产生抵触情绪。在这种情况下，即使你是善意的，他也会认为你是在故意让他当众出洋相。

5．把握时机

在当事人感情冲动的时候不适合提出意见，因为在他冲动的时候，理智起不到半点作用，他也判断不清你的用意。这时提出意见，不仅不能解决问题，反而会火上浇油。

6．给对方留有余地

在提出建议的时候要给对方留有余地，不要把他指责得一无是处，否则很容易引起他的逆反心理："既然我已经这样了，那就干脆一错到底。"最后反而不如不提意见。必要的时候可以多列举对方的一些优点，比如，你可以这样说："你平时工作努力，表现积极，唯一的缺点就是想问题的时候稍微草率了一点，如果你思考问题再慎重些，就很有前途了。"用这种口气跟他说话，他会备受鼓舞，很容易接受你的建议。

忠言未必逆耳，你的一句话可能赢得他人的尊敬，也有可能招来他人的忌恨，因而在提出建议时，要注意策略，慎之又慎，点到为止。这样既能对他人有所帮助，又能加深彼此之间的关系，可谓一举两得。

第 023 件事

保护自己的隐私

罗曼·罗兰曾说："每个人的心底，都有一座埋藏的小岛，永不向人打开。"这座埋藏记忆的小岛就是隐私世界。每个人都有自己的隐私，一般总是一些令人不快、痛苦、悔恨的往事，比如恋爱的破裂、夫妻的纠纷、事业的失败、生活的挫折、成长的过失，等等，这些都属于隐私的范畴，不可轻易示人。

然而，闭紧心扉，心事"滴水不漏"也不是好事，因为这样你就会被人看作是不可捉摸与亲近的人了。这样非常不利于人生的发展。

所以，真正聪明的人应该这样做：偶尔要说说无关紧要的"心事"给你周围的人听，以降低他们对你的揣测与戒心。同时，更要对自己真正的"心事"三缄其口，这样，你才能在生活和工作中游刃有余，春风得意。

■ 打好隐私保卫战

时下，不少公司都在实施人性化管理，尽力打造像家一样和谐亲密的工作氛围，上司可以和下属谈心，同事之间也能真诚倾诉与倾听。因为，和谐的同事关系有利于工作的顺利开展。但身处职场，竞争是无处不在的。

马林刚入职场时，怀着很单纯的想法，像大学时代对室友们无话不说一样，常将自己的一些经历及想法毫不设防地对同事讲。马林工作不久，就因出色的表现成为部门经理的热门人选。可他曾无意中告诉同事，他的父亲与董事长私交甚好。于是，大家对他的关注集中在他与董事长的私人关系上，而忽视了他的工作能力。最后，董事长为了显示"公平"，任命一个能力和他差不多的职员为部门经理。

可见，如果他保护好自己的隐私，也许就能得到这个升职的机会。老板们都欣赏公私分明的员工，敬业不仅意味着勤奋工作，更意味着以大局为重，不把私事带到工作领域中来。

同事毕竟是工作伙伴，他们不可能像家人那样完全地包容你、体谅你。通常情况下，同事之间保持一种平等、礼貌的伙伴关系就可以了。而一些隐私性的东西，除埋在心里之外，最好别拿出来示众。

一定要把握好保护隐私的尺度，那么到底什么属于要保护的隐私呢？

个人信息可分为绝对隐私、非隐私、相对隐私三大类，前两种较好把握。比如，会对工作产生重大影响的家庭背景、亲人朋友关系、情感，会影响他人对你道德评价的历史记录，与传统相悖的生活方式，与上司、重要人物的私交等信息，都是需要保护的绝对隐私。说话时，最好权衡利弊，全面考虑这些信息在曝光后可能带来的影响，以免造成不必要的麻烦。

一件事在一个环境中说出来无伤大雅，但换一个环境则可能成为敏感"雷区"，这就属于"相对隐私"。分清这类隐私，要先弄清你所处的环境。该如何面对相对隐私呢？切记一点，千万不要把同事当心理医生。比如，要好的同事可能会问你："最近和你男（女）朋友的关系怎么样啊？"你可以大而化之地说"还行"。对方可能只是出于善意的关心，你最好也点到为止，不必做进一步的解释，识大体的同事也不会纠缠着问下去。

打好隐私保卫战，无论是办公室、洗手间还是走廊，只要是在公司范围内，都不要谈论私生活。不要在同事面前表现出和上司超越一般上下级的关系，即使是私下里，也不要随便对同事谈论自己的过去和隐秘思想。如果和同事已成了朋友，不要常在其他同事面前表现太过亲密，对于涉及工作的问题，要公正，有独到的见解，不拉帮结派。有些同事喜欢打听别人的隐私，对这种人要"有礼有节"，不想说时就礼貌而坚决地说"不"。

千万不要把分享隐私当成打造亲密同事关系的途径。同事也是由形形色色的人组成的，都有着平常的心计。我们不妨学着换位思考，站在同事的角度想一想，也许更能理解为什么有些话不该说，有些事不该让别人知道。全面地看待问题，会有助于你权衡什么该说，什么不该说。保护隐私，一来是为了让自己不受伤害，二来也是为了更好地工作。不过，也没必要草木皆兵，若对一切问题都三缄其口，也很容易让人觉得你不近情理。有时，拿自己的缺点自嘲一把，或和大家一起开自己的无伤大雅的玩笑，会让人觉得你有气度、够亲切。

■ 秘密不要轻易示人

祖露之心犹如一封在众人面前摊开的信，当一个人把自己的秘密呈现于别人面前时，就无疑为自己埋下了重磅炸弹。在人际的丛林中，来自于自我控制的含蓄往往才是生存之道，因为那些潜藏着隐秘的城府里，才能积淀下炎凉世事的沟壑。

王博是一个公司的职员，他与他的好朋友张廉卫无话不谈。一次，借着酒兴，向张廉卫说出他不为人知的秘密。原来王博年轻时，与别人打群架，砍伤了别人，结果被判了两年刑。从监狱出来后，改过自新，重新做人，考上了大学，进了现在的这家公司工作。

时值年底，公司效益不佳，并准备裁员。王博和张廉卫从事同一工作，这个位置精简后只能留下一人，但论实力，王博比张廉卫略胜一筹。

不久，公司就传开了，大家都知道王博是坐过牢的"劳改犯"，大家对他的印象大大改变了。谁愿意跟一个劳改犯一起共事呢？结果王博被裁掉，张廉卫"幸运地"留了下来。

17 世纪西班牙一位著名思想家葛拉西安曾经告诫人们："千万不要让人了解你的全部。"他说："深谋远虑的艺术，就是善用你的智慧清晰地洞察情势，衡量情势。此中最重要的就是让人们知道你，但不让他们了解你，并不断地培养他们对你的期望，又绝不完全满足他们的期望。当你每成一事，每展长才时，他们便会因为你的伟大业绩而盼望更伟大的业绩。"

这位社会经验极其丰富的思想家还解释说："看透别人就能主宰别人，被别人看透则会被别人主宰，胜利能因此易手。善于识破他人，可以号令全局；善于隐藏自己，就不必担心会落入圈套。""要想受到别人的尊重，就不要让任何人了解你的全部。一旦被人识破你的才能局限，你就很难获得别人的敬仰和尊重。"

与人相处，对于那些不愿让他人知道的个人秘密，要做到有所保留。向他人公开自己秘密的人，往往会因此而吃大亏。因为世界上的事情没有固定不变的，人与人之间的关系也不例外。今日为朋友、明日成敌人的事例屡见不鲜。你把自己过去的秘密完全告诉别人，一旦感情破裂，反目成仇或者他根本不把你当作真正的朋友，你的秘密他还会替你保守吗？

也许，他不仅不为你保密，还会将所知的秘密作为把柄，对你进行攻击、要挟，弄得你声名狼藉、焦头烂额。那时的你，后悔也来不及了。

每个人都有自己的过去，都存在一些不为人知的秘密。朋友之间，哪怕感情再好，也不要随便把你过去的事情、你的秘密告诉对方。

如果你是职场中人，你将你的秘密告诉你的同事，在关键时刻，他很可能会跟张廉卫一样，拿出你的秘密作为武器回击你，使你在竞争中失败，他将你不光彩的秘密说出来，你的竞争力就会大大削弱了。

自己的秘密和隐私不要轻易示人，保护自己的隐私是对自己的一种尊重，也是一种对自己负责的行为。

第 024 件事

应酬是人生必不可少的生存方式

　　生活中的应酬，是一门人情练达的学问。为人处世，同事之间有许多事情要应酬；小王结婚、小卫生日、老刘得了贵子、老张新升了职务。这些事要躲当然也能躲开，但别人会说你不懂得人情世故。善于社交的人，常常会打听这一桩子事，帮人凑份子、送礼请客，皆大欢喜。

■ 应酬是一门社交艺术

　　应酬是一门社交艺术，只有善用心思的人，才能达到联络感情的目的。

　　一位同事生日，有人提议大家去庆贺，你也乐意前行，可是去了以后发现有许多的人共同来为他贺寿，为什么不在你生日的时候也来热闹一下，这就是问题所在，这说明你的应酬还不到位，你的人际关系还有欠佳的状态，要扭转这种内心的失落，你不妨积极主动一些，多找一些借口，与同事多联络一下。

　　比如你新领到一笔奖金，又适逢得贵子，你可以采取积极的策略，向你所在部门的同事说："今天是我双喜临门，想请大家吃顿晚饭，敬请光临，记住别带礼物。"在这种情形下，不管同事们过去和你的关系如何，这一次都会乐意去捧场的，你的人气也会迅速增长。

　　所以，提到"应酬"两个字的时候，再也不要皱眉头了，把这当成一次与朋友联络感情、提升自己影响力的机会吧。主动参与应酬，积极成为"应酬"的倡导者，才是你该做的事。

■ 多应酬，好办事

中国是个礼仪之邦，有句话叫作"无酒不成席"，在酒席上趁着酒劲套近乎，相互之间也能敞开心扉，于是，在酒酣耳热之际，相互之间开诚布公的探讨就显得和谐起来。

像这样的友情，可说是"吃"出来的。有人认为吃吃喝喝的"酒肉朋友"不值一提，事实上如果"吃得好"，不但不会结交到见利忘义、一切向钱看的朋友，反而会"吃"出一大堆情同手足的朋友。

当你有了这种知交，人生不再孤独，因为朋友随时能帮你的忙，为你指点迷津、排忧解难。有了这样的人际关系，还担心没有共同创业、同甘共苦的伙伴吗？

所以说，"吃"应该算是社交应酬中最重要的人情往来。

> 一家网络公司准备上市，但资金上有点问题。负责此事的副经理找到了一家信托投资公司，但双方提出的条件相差太大，经过几个回合谈判都没有达成一致意见。
>
> 网络公司经理非常着急，于是亲自出马到投资公司。对方见是总经理出马，会谈显得略微和善一些。总经理借此机会，请负责人吃饭。席间大家各说东西，不谈公事。总经理把酒打圈，酒至半酣开始讨论公事。各自诉说自己公司的难处，总经理明察秋毫，针对投资公司的为难之处，提出了大的原则……延席散尽时，那位负责人拉着总经理的手，略有醉意地说："冯总，看到你的酒量就看到了你的豪气，也看到了你们公司的大好形势。回去我同经理商量一下，希望咱们能够进行合作。"
>
> 不久，双方就确定了大的原则，并就相关细节进行了商量，达成了协议。

利用酒席，套出对方的老底，再采取相应的对策，事情也就水到渠成了。

很多人喜欢在酒席上看他人的性格、脾气秉性来确定合作公司的形势，特别是酒为催化剂，能够使人原来的警戒淡化，从而获得情报，见机行事，当然能够得到好的效果。

的确，应酬作为一种交际方式，迎宾送客，朋友聚会，彼此沟通，传递友情，发挥着独特的作用，所以，摸索一下酒桌上的"分寸"，有助于增进感情，巩固关系。

■ 学会说一些"场面话"

什么是"场面话"？简言之，就是让别人高兴的话。既然说是"场面话"，可想而知就是在某个"场面"才讲的话，这种话不一定代表内心的真实想法，也不一定合乎真实，但讲出来之后，就算别人明知你"言不由衷"，也会感到高兴。聪明人懂得"场面之言"是应酬中常见的现象之一，而说场面话也是一种应酬的技巧和生存的智慧。

1. 学会几种场面话

当面称赞他人的话：如称赞他人的孩子聪明可爱，称赞他人的衣服大方漂亮，称赞他人教子有方等等。这种场面话所说的有的是实情，有的则与事实存在相当的差距，有时正好相反，而且这种话说起来只要不太离谱，听的人十有八九都感到高兴，而且旁人越多他越高兴。

当面答应他人的话：如"我会全力帮忙的"、"这事包在我身上"、"有什么问题尽管来找我"等。说这种话有时是不说不行，因为对方运用人情压力，当面拒绝，场面会很难堪，而且当场会得罪人。对方缠着不肯走，那更是麻烦，所以用场面话先打发一下，能帮忙就帮忙，帮不上忙或不愿意帮忙再找理由，总之，有缓兵之计的作用。

2. 如何说场面话

去别人家做客，要谢谢主人的邀请，并称赞菜肴的精美、丰盛可口，并看实际情况，称赞主人的室内布置，小孩的乖巧聪明……

赴宴时，要称赞主人选择的餐厅和菜色，当然感谢主人的邀请这一点绝不能免。

参加酒会，要称赞酒会的成功，以及你如何有宾至如归的感受。

参加会议，如有机会发言，要称赞会议准备得周详……

参加婚礼，除了菜肴之外，一定要记得称赞新郎新娘的"郎才女貌"……

说"场面话"的"场面"当然不只以上几种，不过一般大概离不了这些场面。至于"场面话"的说法，也没有一定的标准，要看当时的情况决定。不过切忌讲得太多，点到为止最好，太多了就显得虚伪而且令人肉麻。

总而言之，"场面话"就是感谢加称赞，如果你能学会讲"场面话"，对你的人际关系必有很大的帮助，你也会成为受欢迎的人。

第 025 件事

建立自己的信用账户

一个人要想在社会上立足，干出一番事业，就必须具有诚实守信的品德，一个弄虚作假、欺上瞒下、骗取荣誉与报酬的人，是要遭人唾骂的。诚实守信首先是一种社会公德，是社会对做人的基本要求。

人离不开交往，交往离不开信用，"小信则大信也"，无论是治国持家还是做生意，讲信用都必不可少。要想成就大事业，你就必须建立起自己的信用账户，并要注意不断地储蓄，因为这将是使你受益一生的财富。

■ 失去诚信就等于失去财富

言而无信，不知其可也。想象一下，如果我们置身于一个谎言肆意蔓延的世界将是多么恐怖。上下级之间没有诚信就没有凝聚力；同事之间谎话连篇，各自心怀鬼胎；朋友之间嘴上一套，背地里又是另一套；夫妻之间互相猜疑，同床异梦……

没有诚信就失去了人们相互信赖的基础。谁都听说过"烽火戏诸侯"的故事，周幽王为博得美女褒姒一笑，竟然给诸侯们开起了那么大的玩笑。从前人们似乎只觉得诸侯们被戏耍的可笑，现在我们或许更多地看到周幽王因为失掉诚信的可怜与可悲。

丢掉诚信的后果大家不言自明，有时会让我们失掉我们本可以得到的财富。诚信就像是你一个关于人情、金钱等看不见的账户一样，你无时无刻不在利用它来"消费"。

有一对夫妻，下岗后开了家烧酒店，自己烧酒自己卖，以此来谋生。丈夫是个老实人，为人真诚、热情，烧制的酒也好，人称"小茅台"。有道是"酒香不怕巷子深"，一传十，十传百，酒店生意兴隆，常常是供不应求。

看到生意如此之好，夫妻俩便决定把挣来的钱投进去，再添置一台烧酒设备，扩大生产规模，增加酒的产量。这样，一可满足顾客需求，二可增加收入，早日致富。

这天，丈夫外出购买设备，临行之前，把酒店的事都交给了妻子，叮嘱妻子一定要善待每一位顾客，诚实经营，不要与顾客发生争吵。

一个月以后，丈夫外出归来。妻子一见丈夫，便按捺不住内心的激动，神秘兮兮地说："这几天，我可知道了做生意的秘诀，像你那样永远发不了财。"丈夫一脸愕然，不解地说："做生意靠的是信誉，咱家烧的酒好，卖的量足，价钱合理，所以大伙才愿意买咱家的酒，除此还能有什么秘诀？"

妻子听后，用手指着丈夫的头，自作聪明地说："你这榆木脑袋，现在谁还像你这样做生意？你知道吗？这几天我赚的钱比过去一个月挣的还多。秘诀就是，我往酒里兑了水。"

丈夫一听，肺都要气炸了，他没想到，妻子竟然往酒里兑水，他冲着妻子就是重重的一记耳光。他知道妻子的这种坑害顾客的行为，将他们苦心经营的酒店的牌子砸了，他知道这意味着什么。

从那以后，尽管丈夫想了许多办法，竭力挽回妻子给酒店信誉所带来的损害，可"酒里兑水"这件事还是被顾客发现了，酒店的生意日渐冷清，后来不得不关门停业了。

美国政治家罗斯福说过："做一个有信义的人胜似做一个有名气的人。"也许有一天，你会失去你所拥有的地位、财富、权力，但是你做人的信用却不会被时间冲刷掉，它是你人生永远的财富。

■ 越在艰难的时候越要守信

美国凯特皮纳勒公司，是世界性的生产推土机和铲车的大公司，它在广告中说："凡是买了我们产品的人，不管在世界哪一个地方，需要更换零配件，我们保证在 48 小时内送到你们手中，如果送不到，我们的产品白送你们。"

他们说到做到，有时为了一个价值仅 50 美元的零件送到边远地区，不惜动用一架直升机，费用竟达 2000 美元。

有时无法按时在 48 小时内把零件送到用户手中，就真的按广告所说，把产品白送给用户。由于信誉高，这家公司历经 50 年而兴旺不衰。

与此相似的还有这样一件真事：

美孚石油公司向餐具经销商犹太人乔费尔订购了 3 万套餐具，交货日期为 1940 年 9 月 1 日，地点是芝加哥。乔费尔立即请制造商为他赶制。

没想到，麻烦出来了，制造商因为有其他工作，不能按时交货。

乔费尔非常生气，但事已至此，他也没有其他办法，只好催促他们快一些。

对于乔费尔的催促，制造商却满不在乎："就算迟一些，又有什么关系呢？值得你那么上火！"

等餐具生产出来后，距离交货时间只有不到 8 小时，除非用飞机，其他交通工具都赶不上了。

乔费尔只好用飞机把这些餐具运到了芝加哥。高昂的运费让他心疼不已。

美孚公司的人知道后，只说了一句："按期交货，很好。"对高昂的运费只字不提。

乔费尔的朋友大为惊讶："你疯了吗？花 6 万美金就为了 3 万套刀叉？"

乔费尔严肃地回答："就应该是这样。作为生意人，不管你有任何理由，都必须按照合同按期交货，哪怕是由于别人的原因给你造成损失，你也没有理由不按期交货。这就是我们犹太人的规则，必须这样做啊！"

不过，自那以后，商界都知道了乔费尔这个注重信誉的犹太人，甚至其他各国的许多商人也找他做生意，大量订单雪片般飞到他的办公桌上，这也是乔费尔没有想到的。

一个没有信誉的人，好比墙头草，风往哪儿吹，他往哪儿跑，全然不顾当初的承诺。而一个有良好信誉的人，不论处在什么环境下，因为有"重信守约"的好名声，自然会受到别人的信赖。这样，在无形之中，你就为自己积累了一笔巨大的财富，而你也会因此成为一个富有的人。

第 026 件事

学会整合你的有限资源

每个人的周围都遍布着各种各样的资源。有自然资源，如风、水、电、森林、矿物等；有社会资源，如图书馆、体育馆、学校、商场、电影院等。我们每天都在用这些资源为我们的工作和生活服务。

所谓资源整合，就是指将这些资源按照一定的组合方案进行配伍，使之发挥出单独元素或元素累加无法达到的效应。

这里所讲的资源侧重于社会资源而非自然资源。

■ 资源整合让你游刃有余

相信以下的对话我们也许都听到过或曾亲身经历过。

> A 说："最近想买一台笔记本电脑，可是我也不太懂要买什么样的，市面上种类又多，真不知要从何下手。"于是 B 说："我有一个朋友的公司就是卖电脑的，他自己对电脑也很熟悉，要不要我帮你介绍介绍？也许可以给你一些建议。"A 回答："那真是太好了！这样我就不用担心买到不合适的电脑了。"

大家一定都有以上类似的经验，会发现周围的朋友有些是同学或者同事，有些则是通过朋友的介绍而变成朋友，如此一来，认识的人越来越多，人际关系网就越来越稠密了，因情感作用而相互帮忙、关心及支持就越来越多，有助于解决生活上出现的难题。

在我们的身边有那么多的资源，在我们陷入困境或需要帮助时，良好的关系都会出来帮你一把，他们或为我们提供物质援助，或为我们提供精神支持，或充当我们的智囊团，他们的出现总能让我们得到收益。

看过《射雕英雄传》的人都知道，郭靖是个比较愚钝的人。他 8 岁了还没有学会母亲教他写了千遍的仇人的名字；学习远比不上聪慧的黄蓉；作战时，连《孙子兵法》的文章主旨都不能理解。但是他却成了天下人人佩服的大英雄。看看郭靖周围的人，在这样的人群中，想不成功都难。郭靖的师傅不下 10 位，既有以侠义自称的江南七怪、擅长内功心法的马钰道长，又有武功盖世的洪老帮主、童心未泯的周伯通，更不用说聪明过人的奇女子蓉儿。正是这"多元化"的师资组合，站在众人的肩膀上，"笨"得像木头一样的郭靖终成一代大侠。郭靖虽然脑子反应比较慢，但他深深懂得，独腿走不了千里路，要真正在江湖上闯出一条路来，必须兼收并蓄，集众家之长。因此，他用心地、真诚地"学"出了自己的资源整合之道。

想要在当今社会上立足和发展，你必须学会整合资源，将你身边有限的资源整合起来，让它们发挥最大效力，你就可以如鱼得水，像大侠郭靖一样，成为真正的成功人士。

■ 学会系统思考

从前有一位地毯商人，看到他最美丽、最心爱的地毯中央隆起了一块。于是把它弄平了。可是在不远处，地毯又隆起了一块，他再把隆起的地方弄平。不一会儿，在一个新地方又再次隆起了一块，如此一而再、再而三的，他总是试图弄平地毯，但还是失败了。直到最后他拉起地毯的一角，一条可恶的蛇溜出去了。

过路人看到一个醉汉在路灯下，跪在地上用手不停地摸索。原来醉汉正在找自己房门的钥匙。过路人便想帮助他，问道："你在什么地方丢掉的呢？"醉汉回答说："是在我房子的大门前掉的。"过路人问："那你为什么在路灯下找而不去你家门前找呢？"醉汉说："因为我家门前没有灯。"

在资源整合的过程中，这样的现象一再发生。很多人不能将自己的资源进行有效的整理，他们分不清哪些资源有用、哪些资源没用，分不清哪些资源的作用大、哪些资源的作用小，更不明白各种资源的优势和劣势在哪里，这些资源应该在什么情况下加以利用。

在上述事例中，他们为什么找不到问题的答案，发现不了事物的症结呢？这是因为，在复杂的系统中，事实真相与我们习惯的思考方式之间，有一个根本的差距。缩短这个差距的第一步，就是要进行系统性的思考。

战国时，齐国的田忌很喜欢与王公大臣玩赛马赌博，却因自己的马匹不如别人而经常赌输。孙膑见田忌的马比对手的马上、中、下三等水平都较差，若对等相比，则田忌肯定全输，倘若稍作改变，就有可能占上风，于是就有了主意。

孙膑对田忌说："相国既然这样喜欢玩赛马，下臣可设法让你赢对方。"田忌一听非常高兴，也非常相信孙膑，就与齐王和诸公子大臣下千金赌注来赛马。待到开始比赛时，孙膑就对田忌说："先以相国的下等马与对方的上等马比，再以相国的上等马与对方的中等马、以中等马与对方的下等马比，肯定能胜。"田忌依照孙膑之言而行，三局比赛下来，结果田忌以一负二胜赢得对方。

道理很简单，田忌在马匹、技术、骑手等条件均无改变的情况下，着眼在"结构性"上进行适当的"系统思考"，只巧妙地改变出场次序，对已有资源寻求最佳"整合"，体现出了整体优势，并提升了竞争力，结果在整体处于劣势的情况下，却取得了胜利。这是系统思考的胜利，使系统的整体效应产生了 $1+1 > 2$ 的效果。

系统思考所要训练的是一种"整体"的、"动态"的搭配能力。"搭配"对一个组织来说是相当重要的一环，好比人身体的各个器官必须互相调和，才能成为一个健康的人。

总之，系统思考的意义就像"整体大于部分的总和"一样具有功效的增值性。作为一种思考工具，系统思考可使我们了解整个事情的来龙去脉，进一步培养我们看清复杂系统的能力。虽然它不会直接告诉我们标准答案，却可降低我们因不了解系统而做出错误决定的比率。积极地运用它，会对你提高自己整合资源的能力有所帮助。

■ 资源整合的技巧

资源整合是一门值得学习的软性技术。建立良好的人际关系，也是资源整合过程中的一个重要环节，它存在几条理念与原则。下面的几条原则或许可以让大家领会郭靖成为大侠的原因所在，也可以让大家体会资源整合所需的技巧。

1. 互助是人际关系的要义

人际关系的基础在于互助，是一种双向或多向的交流，所以首先要有正确的观念：要别人能心甘情愿地帮助我们，我们必须先存有帮助别人的心意,而非只想从中得到好处。相互帮助与提携是培养人脉资源的最佳途径。

2. 人际关系是需要长期维护的

人脉一旦建立，就需要我们去维护和加强。也许平常没有感觉，但是哪一天你有需要的时候,这些平时撒下的种子,都有可能会及时开花、结果。

3. 集中注意力

无论你参加什么活动，都必须全身心地投入其中,悉心观察,仔细聆听,勇于表达自我。私人交往时，注意你身边的每一个人；和人交谈时，注意倾听每一句话,专注的态度可以让你掌握更多的信息。同时，你还要留意在适当的场合同适当的人谈适当的话题，或提供适当的帮助。

4. 高度的弹性与适应力

许多学习和工作的状况并不完全符合你的期望，此时唯有高度的弹性与适应力才能令你扭转乾坤，愉快地适应。例如，虽然你期待进入公司的主管层工作，但是只竞聘到了销售部副部长的职位，那么不妨先接受。或许借着这份工作，你可以更加熟悉公司的一些细节情况和各部门之间的组织协调情况，以利于日后竞聘理想的职位并在工作中做出成绩。

5. 目标定位

为了更合理地规划你的发展，确定一个适合你的人生坐标，以此为主线，有意识地去利用潜在的能使你达到目标的资源，当然也不要忽视其他资源。

6. 勇于表达自我

现阶段，我们多半仍以谦逊为美德，在自我表达这方面，趋于保守。

当今社会，竞争难以避免，一定要把握机会让别人了解自己，让人知道你的优势是什么，不要不好意思呈现自己，要让团体里的人知道你的专长是什么，你目前可以提供怎样的服务。如果我们待人处世的心态行为不能及时调整，势必影响我们资源整合工作的进行。

7. 常怀感恩之心

向所有帮助过你的人致谢，这是最容易被忽略的一环。得到帮助后，及时向人致谢，既能表达我们的感激之情，又能维系与他人的良好关系，可谓一举两得。

第 027 件事

管理好你的一天 24 小时

在现实生活中，有很多人认为人生漫长，浪费点时间没什么，这种想法是错误的。要知道即使是短短的一分钟也是宝贵的。在一分钟之内，小学生可以写 20 个生字，朗读 200 多字的短文，口算 20 道试题；打字员用电脑可平均打字 80 多个；运动员能跑 250 米；消防员可以紧急集合，跳上消防车；核潜艇可以在水下航行 600 米，火箭可航行 450 多公里，喷气式客机能飞行 18 公里……光阴似箭，日月如梭，我们的生命是有限的，如果我们珍惜每一天，合理地安排时间，让分分秒秒都有价值地度过，就等于延长了生命。切记，时间不会等着你，在不知不觉中，它就会从你的身边匆匆流过，所以我们一定要抓紧时间，充分利用好生命中的每一天。

我们要管理好自己的一天 24 小时，尽量压缩生活中每一分的"时间开支"，每当翻开日历的时候，要意识到不能让崭新的这一页成为空白。这样下去，相信功到自然成。

■ 合理规划每一天的时间

关于时间管理，成功学大师卡耐基建议奋斗者不妨列出一张"master list"（总清单），也就是你必须要把当前所要做的每一件事情都列出来。

卡耐基提醒人们，在工作中，我们不需要一天到晚像个陀螺一样转个不停，而应着手对身边的事情有个较分明的安排，分清先后缓急，一件一件地去落实，不要同时被几件事情纠缠得焦头烂额，慢慢地你会得心应手越干越好，你就会更轻松，也就更有效率了。

看看卡耐基先生一天的"master list"时间清单吧！

上午 6:00 ~ 7:00，起床并去散步或长跑。

上午 7:00 ~ 7:30，洗漱并吃早点。

上午 7:30 ~ 8:30，走进办公室并整理办公桌。

上午 8:30 ~ 11:30，办公并接待来访人员。

11:30 ~ 12:30，下班回家或进快餐店吃午饭。

午休、下午上班，处理事务。

晚上，看电视新闻，读书和写作。

23:00，准时休息。

卡耐基先生把自己的一天安排得井井有条，非常充实，这样时间的运用效率肯定特别高。

管理学大师彼得·德鲁克曾说过："不能管理时间，便什么也不能管理。时间是世界上最短缺的资源，除非严加管理，否则就会一事无成。"

成功与失败的界线在于怎样分配时间，怎样安排时间。人们往往认为，这儿几分钟、那儿几小时没什么用，其实它们的作用很大。

对于每个成功的人来说，时间管理是重要的一环。时间是最重要的资产，每一分每一秒逝去之后再也不会回头。问题是你如何有效地利用时间。

那么如何才能让你的时间走上正轨呢？

1. 善于利用"生物钟"

许多学者的研究发现，按照人的心理、智力和体力活动的生物节律，来安排一天、一周、一月、一年的作息制度，能减轻疲劳，提高学习成绩和工作效率。

以记忆力为例，一天 24 小时中有 4 个高潮期：

第一个高潮期是清晨 6 ~ 7 点，大脑已在睡眠中做完了对前一天所输入信息的"整理、编码"工作，暂时没有新信息干扰，此时记忆的印象最清晰。

第二个高潮期是上午 8 ~ 10 点，人体经过苏醒后几小时的轻微活动，精力进入旺盛期，大脑处理记忆材料的效率最高，是短期记忆的最佳时间。

第三个高潮期是傍晚 6 ~ 8 点，为长期记忆的最佳时间。

最后一个高潮期是晚上 10 ～ 11 点（或入睡前 1 ～ 2 小时），记忆以后随即入睡，不受新信息干扰，有利于大脑对所记忆的材料进行深加工。

至于大脑潜力发挥的时间段，则因人而异。通常可分为 3 类：

一类是早睡早起型，此类人清晨精力充沛、思维活跃、灵感频生。

二类是夜猫子型，他们一到夜深人静时，大脑皮层就进入条件反射下的最佳兴奋状态。

三类是混合型人，占大多数，大脑潜力发挥的最佳时间段不很明显，一般在上午 10 点和下午 5 点左右较佳。

了解了大脑的生物钟运行规律，我们不妨来个"对号入座"，看看自己属于哪一类型，并根据人体"生物时钟"刻度上的最佳时间，相应调整学习和工作时间，将收到事半功倍的效果。

2. 计划时间

所有的足球教练都在赛前向队员细致周密地讲解比赛的安排和战术。而且事先的某些计划也并非一成不变，随着比赛的进行，教练一定会根据赛情做某些调整。但不可忽视的是，比赛开始前一定要做好计划。

你最好给你的每一天订个计划，否则，你就只能被迫按照不时放在你桌上的东西去分配你的时间，也就是说，你完全由别人的行动决定你办事的优先与轻重次序。这样你将会发觉你犯了一个严重的错误——每天只是在应付问题。

为你的每一天制订一个大概的工作计划与时间表，尤其要特别重视你当天应该完成的两三项主要工作。其中一项应该是使你更接近你最重要目标之一的行动。这样，你的每一天都会过得更加充实。

■ 充分利用零碎时间

成功的时间管理者想把任何一个空闲时刻都利用起来。

将利用零碎时间养成一个习惯，就是在衣袋里或手提包里，经常不忘携带一些东西，如图书、笔和小记事本，这样你就可以在排队时，在候机时，在乘公交车上下班时，不会无所事事地空耗时间了。"集腋成裘"、"聚沙成塔"一样适用于时间。

零碎时间的利用也包括用一些非正规的时间去做一些事。例如上洗手间，据说国外有一位首相就是利用如厕时间学习英语的。他每次从英语词典上撕下一页，然后进"1 号"。上完"1 号"，这一页也读完、记住了，于是把这一页送入下水道。他就是这样学完了一大本英语词典。

1. 少说废话

名人之所以能成为名人，伟人之所以能成为伟人，有一个共同点，那就是：他们都能很好地运用自己的时间，他们都懂得一切从现在做起的道理。

在时间的运用上，成功人士非常认真地对待每一分每一秒，尤其是当前的时间，而不是将时间用在说大话、空话或者是不可能达到的计划上。

一位青年人向爱因斯坦询问道："先生，您认为成功人士是如何成功的，有无秘诀？"爱因斯坦非常认真地告诉他："成功等于少说废话，加上多干实事。"

2. 挤出点滴时间

时间对于每个人来说都是公平无私的，只要你愿意，就去挖掘时间的潜力，扩大时间的容量，用挤出来的时间去实现更高的梦想。

我们每天只要挤出微不足道的 1 分钟，一年就可以挤出大约 6 小时的时间。如果每天能挤出 10 分钟，那就是相当可观的一个数字了。一周工作 5 天，每天工作时间为 8 小时，而一天中再挤出 10 分钟，那么一年就可以增加 5 天多的工作时间。再者，即使再忙，每天可支配的零星时间至少有 2 个小时。如果你从 20 岁工作到 60 岁退休，每天能挤出 2 个小时，有计划地从事某一项有意义的工作，那么，加起来就可达到 29200 小时，即 3650 个工作日。整整 10 个年头！这是一个多么诱人的数字，足可以干一番事业。难怪发明家爱迪生在他 79 岁时，就宣称自己是 135 岁的人了。由此可见，时间的弹性是很大的，只要我们善于挤时间，便能大大增加时间的容量。

■ 废除拖延

拖延是时间的天敌，也是毁灭你人生的恶魔，习惯于拖延的人总想把今天该做的事推到明天，再推到后天，这样"今天的 24 小时便失去了它应有的意义"。如果你打算用白日梦和从没按时履行过的计划表来实现梦想，等待你的只有生命的损耗和机会的擦肩而过。

　　深夜，一个危重病人迎来了他生命中的最后一分钟，死神如期来到了他的身边。在此之前，死神的形象在他脑海中几次闪过。他对死神说："再给我一分钟好吗？"死神回答："你要一分钟干什么？"他说："我想利用这一分钟看一看天，看一看地。我想利用这一分钟想一想我的朋友和我的亲人。如果运气好的话，我还可以看到一朵绽开的花。"

　　死神说："你的想法不错，但我不能答应。这一切都留了足够的时间让你去欣赏，你却没有像现在这样去珍惜，你看一下这份账单：在60年的生命中，你有1/3的时间在睡觉；剩下的30多年里你经常拖延时间；曾经感叹时间太慢的次数达到了1万次，平均每天一次。上学时，你拖延完成家庭作业；成人后，你抽烟、喝酒、看电视，虚掷光阴。我把你的时间明细账罗列如下：做事拖延的时间从青年到老年共耗去了36500个小时，折合1520天。做事有头无尾、马马虎虎，使得事情不断地要重做，浪费了大约300多天。因为无所事事，你经常发呆；你经常埋怨、责怪别人，找借口、找理由、推卸责任；你利用工作时间和同事侃大山，把工作丢到了一旁毫无顾忌；工作时间呼呼大睡，你还和无聊的人煲电话粥；你参加了无数次令人昏睡的会议，这使你的睡眠时间远远超出了20年；你也组织了许多类似的无聊会议，使更多的人和你一样睡眠超标；还有……"

　　说到这里，这个危重病人就断了气。死神叹了口气说："如果你活着的时候能节约一分钟的话，你就能听完我给你记下的账单了。哎，真可惜，世人怎么都是这样，还等不到我动手就后悔死了。"

　　这则寓言发人深省，"死神"所描述的情况在现实生活中屡见不鲜，想一想，你是不是有着这样一种经历：清晨，闹钟把你从睡梦中叫醒，想着自己所定的计划，同时却感受着被窝里的温暖，一边对自己说"该起床了"，一边又不断地给自己寻找借口——"再等一会儿"。于是，在忐忑不安之中，又躺了5分钟，甚至10分钟。

　　类似的情况在我们的生活中经常会遇到，如果哪天你把一天的时间记录一下，会惊讶地发现，拖延耗掉了我们很多的时间。很多情况下，拖延是因为人的惰性在作怪，每当自己要付出劳动时，或做出抉择时，我们总会为自己找出一些借口、安慰，总想让自己轻松些、舒服些。有的人能在瞬间果断地战胜惰性，积极主动地面对挑战；而有的人却深陷于"激战"的泥潭，自己被主动性和惰性拉来拉去，不知所措，无法定夺……时间就这样被一分一秒地浪费了。其实拖延就是纵容惰性，也就是给了惰性机会，如果形成习惯，它会很容易消磨人的意志，使你对自己越来越失去信心，怀疑自己的毅力，怀疑自己的目标，甚至会使自己的性格变得犹豫不决，养成一种办事拖拉的工作作风。

爱默生曾说："紧驱他的四轮车到别的星球上去的人，倒比在泥泞的道上追踪蜗牛行迹的人，更容易达到他的目标！"当你准备把今天的事情放到明天去做时，你应该想想到底有多少明天在等着你，到底有多少机会在等着你，今天的太阳明天还会升起吗？

明日复明日，明日何其多？在时间的河流中，我们永远不要放纵自己将人生之船搁浅，因为时间不会等着你的下一步行动，你一旦停下来，踏上的就只能是毁灭的开端。

管理好每一天的 24 小时，你的人生才会更加完整、充实，你才方可能在有限的生命中创造更大的价值，取得更高的成就。

第 028 件事

向行业领先者学习经验

　　人的一生是不断完善、成长的旅程，先有模仿后有创新。没有人生而知之，这是连我们的圣人孔子也赞同的观点。他说"吾非生而知之"，都是向古人学习的结果。我们每个人的成长过程中都有一些对我们影响重大的人物存在，偶像人人都有，大到历史伟人、各行各业的精英，小到身边的平凡百姓。

■ 找一个榜样激励自己

　　每个行业都有着自己的精英级偶像，偶像一般有自己独特而又丰富的经历，有自己独特的人格魅力。他们会为自己的一生作总结，会觉得自己一生有很多经验教训值得传授，那是他经受人生挫折和享受人生快乐之后的黄昏哲学。我们学习它们，正如吉普赛人从沉入杯底的咖啡渣里读出幻想一样，我们也能从中读出夕阳西下的璀璨与壮美。

　　　　美国篮坛第二个神话，篮球天才勒布朗·詹姆斯，比乔丹小 21 岁。勒布朗·詹姆斯身高 2.03 米，比乔丹高 5 厘米。他的球队叫克利夫兰骑士。他已经成为美国新的"篮球之神"，尽管他并没有像 19 岁的乔丹那样带领北卡拿下 NCAA 冠军，但人们习惯叫他"第二个乔丹"。
　　　　扣篮的时候，他的手可以超过篮板上沿！他甚至可以在空中停留 2 秒钟！有人称他是一架直升机！从瑞汀格中学到圣玛丽亚高中，詹姆斯一步步踏上了篮坛，他的身后留下了一连串纪录：高中 4 年篮球生涯中总共获得 265 分，

892 个篮板和 523 次助攻，3 次联赛冠军，一次"俄亥俄篮球先生"……而在这些成绩的背后，詹姆斯从不讳言有一个身影在激励着他，那就是穿着 23 号球衣的上帝——迈克尔·乔丹。

他从小就崇拜迈克尔·乔丹，他梦想有朝一日能成为迈克尔·乔丹。他学习迈克尔·乔丹，他模仿迈克尔·乔丹，模仿迈克尔·乔丹的投篮、防守、进攻、弹跳，模仿他的每一个动作。他的房间满是迈克·乔丹的海报，书包里满是迈克尔·乔丹的资料。

"那时候他的房间里贴满了飞人的海报，"他的母亲格罗莉娅回忆，"他崇拜乔丹的一切，包括他的身高。当他知道他的身高已经超过了乔丹的 1.98 米而依然长个不停时，他难过得很多天不理任何人。"

2003 年夏天，乔丹选择永远离开了 NBA，飞人时代的终结令 NBA 出现英雄的真空，所有神话都已尘封，现实归于平庸，票房和收视率变得没有着落。

詹姆斯的出现恰到好处，有人形容他是"美国篮球的救世主"。詹姆斯成功了。成功的原因当然有他个人的优越条件，有他的热情，有他的刻苦训练，还有学习迈克尔·乔丹的因素。

偶像的一举一动都能影响崇拜者的人生，这就是榜样的力量！

领军人物之所以有那么大的感召力，就在于他们的品质、成就是可以傲世的，我们只有从成功者身上汲取成功的因子，才有可能成为明日的成功者。

■ 向成功者看齐

当今世界上，最善于向领先者学习的首推日本人。不论是汽车工业还是半导体、计算机工业，他们都是在模仿的基础上壮大发展的。翻开 20 年前日本的工业历史，你会发现，很少有重大的新产品或尖端的科技是发源于日本，日本人只不过剽窃了美国的点子和商品，再加以巧妙地模仿，保留精华，改进不足的地方，结果就制造出了比美国产品更好、更便宜的产品，并且大量抢占着世界市场。

一个日本人想了解美国竞争对手的情况，他只身来到美国，并观察这个企业的情况。一天，美国公司的总经理乘车外出，在门口把日本人的腿撞断。

总经理非常内疚，想用钱补偿。日本人说，他没有工作，希望能在公司里做事。总经理一口答应下来。于是，这个日本人进入竞争对手的公司卧底，并学到了他想要的东西。一年后，日本人突然消失，美国的技术出现在日本。

多年前，英国的纺织业占据了世界的绝对霸主地位，日本人想学习英国的技术，却不得其门而入。后来，他们想出了一个妙招，在一家英国大型纺织厂门口开了一家餐馆，以亏本的价钱出售食物。这样一来，纺织厂的主管们天天来此进餐，一来二去就混熟了。

一年后，日本人哭丧着脸告诉纺织厂的高级主管们，因为餐馆经营不善，即将破产，他们想回国，可惜路费没有着落。很自然地，他们被介绍到这家纺织厂打工，赚取回家的路费。一年后，这些日本人回国了，也带走了技术。从此，英国人垄断纺织业的局面被打破了。

向领先者学习是通往卓越的捷径，也就是说，如果你看见有人做出令你心羡的成就，那么只要你虚心学习并愿意付出时间和努力，也可以做出相同的甚至更好的结果来。如果你想成功，你只要去学习那些成功者的方法，便能如愿以偿。能震撼世界的人，往往都是一些最擅长学习的人。

我们只有从成功者身上汲取成功的因子，才有可能成为明日的成功者。

巴菲特是世界上最富有的投资商——一个超级亿万富翁。巴菲特在读大学四年级的时候，读了本杰明·格雷厄姆的书，书名为《聪明的投资者》。对于巴菲特来说，这本书太重要了。当巴菲特得知格雷厄姆在哥伦比亚大学执教时，便打定主意要投身到他的门下学习。毕业后，巴菲特果然到本杰明·格雷厄姆的投资公司应聘工作，但遭到本杰明·格雷厄姆的拒绝，然而巴菲特没有放弃，他一而再、再而三地请求本杰明·格雷厄姆给他一个机会，他甚至不要工资。格雷厄姆最后点了头，但要 3 年之后才聘用他。巴菲特在接下来的 2 年时间里，跟着这位著名的投资家学习。

25 岁时，巴菲特回到了故乡——内布拉斯加州的奥马哈，在 7 位投资人的支持下，创建了巴菲特投资公司。巴菲特的原始投入为 100 美元。5 年之内，巴菲特就成了百万富翁，并从此逐步成长，最终登上了历史上最著名股票投资人的宝座。

如果你要成为你想成为的那个人，就要不遗余力地向他学习，学习他的信念、他的策略，让他那宝贵的人生经验成为你成功路上的基石，为你奠基。每个人都应善于发现这样一位行业中的佼佼者做你事业中的教练。

■ 向不同的人群学习经验

不要认为从事和你不相干的行业的人就和你的工作不相干，这些人就不值得你尊敬，各种行业都是有依存关系的，所以，打开你的心灵大门去接纳各种不同背景、不同行业的人，而不是去排斥他们。

向不同行业的人学习知识，应当掌握以下一些要诀：

1. 要抱着"请教"的态度

谁都不敢自诩是"专家"，但有人"请教"，就会轻飘飘起来，因为得到了对方的肯定。你用"请教"捧了他，他不"知无不言"才怪！但要记住，千万不要和对方辩论，宁可多提几个问题让他解释。辩论不会有结果，而且了解对方的行业才是你的目的，辩赢了，你还会失去可以成为朋友的人呢！

2. 妥善找寻问题的切入点

你总不能开口就说"请你介绍你的行业"吧？太幼稚的问题，对方有时会不耐烦，懒得回答，让你下不了台！切入点如何找？方法是多看报纸杂志，广泛了解社会的脉动，例如碰到律师，你就可问他赦免死刑犯的问题。如果一时找不到，从天气问题下手准没错。

3. 态度要诚恳、认真

不要给人只是随便问问的感觉，最好能做笔记，对方看你做笔记，不感动也难！

4. 不要急于一时

太急于了解对方的行业，会让对方以为你另有所图！先交朋友再了解，就不会打草惊蛇，一次了解一点，彼此熟了，他不让你了解也没办法！

第029件事

学会从挫折中吸取教训

世人皆知应该吸取经验，因为经验为我们提供了成功的捷径。殊不知，教训也和经验同等重要，因为教训让我们避免走弯路，所以，在遇到挫折的时候，只要学会吸取教训，就有机会反败为胜。

因此，我们在学习时，不能只看到别人的成功，只学习别人成功的经验，更要看到别人的失败，从别人的失败中去总结思考出可以借鉴的东西，善于吸取教训能使我们进步得更快。

■ 挫折不等于失败

每个人都会遭遇挫折，但人生的困苦永远只是一时的，上天不会让苦难跟随你一辈子，但如果你因此而丧失了斗志，那么只能辛苦一生了。

巴西足球队第一次赢得冠军回国时，专机一进入国境，16架喷气式战斗机立即为之护航。当飞机降落在道加勒机场时，聚集在机场上的欢迎者多达3万人。从机场到首都广场不到20公里的道路上，自动聚集起来的人超过100万。市长里奥·热奈罗晚出发了一会儿，竟然无法驱车去机场，他只得从官邸乘直升机前往。从机场到首都广场的途中，多数球员被请进豪华汽车，贝利和几个主力队员则被人用手臂向前传递，4个多小时的路他们脚不沾地，一直被送进总统府。

多么宏大和激动人心的场面！然而前一届欢迎仪式却是另一番景象。

1954年，巴西人都认为巴西队能获本次世界杯冠军，然而天有不测风云，在半决赛中却意外地败给了德国队，结果那个金灿灿的奖杯没有被带回巴西。球员们悲痛至极，他们想象着迎接他们的将是球迷的辱骂、嘲笑和汽水瓶，因为足球可是巴西的国魂。

飞机进入巴西领空，他们坐立不安，因为他们的心里清楚，这次回国"凶多吉少"。可是，当飞机降落在首都机场时，映入他们眼帘的却是另一种景象。总统和两万多球迷默默地站在机场，他们看到总统和球迷共举一个大横幅，上书："失败了也要昂首挺胸。"

队员们见到这些情景，顿时泪流满面。总统没有讲一句话，球迷们没有动，舷梯上，除了球员们慢慢地走下飞机，整个机场如凝固了一般。等球员们离开后，总统和球迷们才有秩序地各自回去。4 年后，巴西队捧回了奖杯。

挫折并不等同于整个人生的失败，通常人们被困难击败的主要原因在于他们自认为可以被打败。而克服困难的一个最大的诀窍，如同我们所说的，也就是要相信自己可以击败困难。为了做到这一点，你的心理及精神就要不断地被磨砺。

如果你可以克服困难，则困难就是激励你成长的要素。俄罗斯有一句谚语："铁锤能打破玻璃，更能铸造精钢。"如果你像钢一样，有足够的坚强作为打造的品质，去克服人生中的困难，那么这些困难正好可以磨炼你的意志和力量。

■ 不要重复犯同一个错误

有人曾做过这样的实验：先用纸做一条长龙，长龙腹腔的空隙仅仅只能容纳几只半大不小的蝗虫慢慢地爬行过去。然后，捉来几只蝗虫，投放进去，结果它们都在里面死去了，无一幸免！这是因为：蝗虫性子太躁，除了挣扎，它们没想过用嘴巴去咬破长龙，也不知道一直向前可以从另一端爬出来。因此，尽管它们有铁钳般的嘴壳和锯齿一般的大腿，也无济于事。当这个人把几只同样大小的青虫从龙头放进去，然后再关上龙头，奇迹出现了：仅仅几分钟时间，小青虫们就一一地从龙尾爬了出来。

蝗虫的死是因为它不懂得吸取教训，只知道不停地挣扎，一次次挣扎失败之后，仍然没有冷静下来，考虑是否有其他方法，它们不停地重复同一个错误的动作，结果当然只有死路一条，而青虫却恰恰相反，它懂得吸取教训，重新寻找方法，所以，它们活了下来。其实，人生的命运一直藏匿在我们自己的思想里。

许多人走不出人生挫折的阴影，并非因为他们天生的个人条件比别人要差多少，而是因为他们没有想过要将纸龙咬破，也没有耐心慢慢地找准一个方向，一步步地向前，直到眼前出现新的洞天。

小时候，每当我们不小心摔倒后，第一个念头就是找找看是什么东西绊了脚，我们总是怪别人乱放东西，实在找不到什么还可以怪路不平。尽管那样做对于疼痛的减轻并没有直接效果，但能找到一个可以责怪的对象多少算是一种安慰，可以证明自己没有责任。

长大后每当我们遇到挫折时，也总是不自觉地找出许多客观原因来开脱自己，实在找不到原因时就说自己的命不好。由于没有找到问题的症结所在，所以我们不断地摔倒，不断地遇到挫折，这是多么可悲的现象啊！

挫折当然不等于失败，但这一论断的前提是你必须学会吸取教训，而不能多次重复同一个错误。

■ 吃一堑，长一智

自我反省是战胜挫折的法宝，"吃一堑，长一智"，你才可能真正从挫折中吸取养分，促进自身的发展。

人遇到挫折时，除了找出导致挫折的原因外，我们还可以从中学到很多东西，这些东西是包罗万象的附加品，或许是人生观的改变、人际关系的改善，或许是对人性本质、自我优缺点及现实与理想的差距的认识等，这些也可以说是错误做法的正面价值，值得我们好好总结。

挫折中充满宝藏，问题是看你如何去挖掘、诠释及应用，每个人的诠释手法和价值不同，这些宝藏的价值也跟着不同。挫折中的教训，是垃圾还是宝藏，一切由你决定。

历史上许多伟大的发现和发明，像哥伦布和爱迪生的成就，也都是在"错误经验"中诞生的。所以，你不能因为犯了一次错，摔了一次跤，就不敢再往前走，不敢再做任何选择。

孔子说："过而不改，是谓过矣。"这句话的意思是犯了错而不愿意改正才是真正的错误。

> 鲁国公曾问颜回："我听到你的老师孔子说，同类的错误，你绝不犯第二回。这是真的吗？"颜回说："这是我一生都在努力做到的。"鲁国公又问："这是很难的事情啊！你是怎样做到的呢？"颜回说："要想做到这一点并不难。我经常反省自己，看看自己哪些是对的，哪些是错的，做对了的要坚持下去，做错了的要引以为戒。这样坚持久了，就能够做到无二过。"鲁国公听后赞叹地说："经常反省，从无二过，这可以说是圣人了。"

从来不犯错误的人是没有的，从来不犯过去曾犯过的错误的人也是不多见的。暂且不论是不是重复过去曾犯过的错误，就是这种经常反省的精神也是十分可贵的。

所以，遇到挫折的时候，不要伤心，不要气馁，更不要责怪他人，静下心来，好好反省自己，反思自己的错误，吸取失败的教训，只有这样，你才能不断进步、不断成长。

第 030 件事

适时隐匿锋芒，伺机而动

老子认为"兵强则灭，木强则折"、"强梁者不得其死"。老子这种与世无争的谋略思想，深刻体现了事物的内在运动规律，已为无数事实所证明，成为广泛流传的至理名言。

一个有才华的人，在必要的时候，要善于审时度势，隐匿自己。"大成若缺，其用不弊，大盈若冲，其用不穷，大辩若讷，大方无隅，大器晚成，大音希声，大象无形"，说的就是要善于藏而不露，以待时机。

即使是对有大志向的人来说，低调做人也并不是苟且偷生，而是一种以退为进的谋略。老子主张"我无为而民自化，我好静而民自正，我无事而民自富，我无欲而民自朴"。又说"上善若水，水善利万物而不争"。水因为安于卑下，不争地位，善利万物，终归大海，所以才能保全自己。

■ 真正的智者并不显露智慧

真正的聪明人往往不会让众人感觉到他很聪明，真正有智慧的人往往并不显露自己，西汉的张良就是这样一位"聪明人"和"智者"。

张良是汉高祖刘邦的谋士，他智慧过人，屡出奇计，为西汉的建立立下了不朽的功劳。汉六年（公元前 201 年），刘邦大封功臣，刘邦说他"运筹帷幄，决胜千里之外，这是子房的功劳"。请他自选齐地 3 万户，作为封邑。张良推辞不受，最后被封为留侯。

张良的谦逊，很多人颇为不解。刘邦的另一位谋士陈平就曾问张良说："先生功高盖世，荣宠受之无愧，又何必拒绝呢？我们追随皇上，出生入死，今有幸得偿所愿，先生不该轻言舍弃。"

陈平见张良一笑不答，又说："先生足智多谋，非常人所能测度，莫非先生别有筹划？"

张良敛笑正容，说道："我家几世辅佐韩国，秦灭韩时，我幸存其身，得报大仇，我愿足矣。我凭三寸不烂之舌，辅佐帝王，贵为列侯，我还有什么悔憾呢？我只求追随仙人遨游四方了。"

张良从此闭门不出，在家潜心修炼神仙之术。跟随张良多年的心腹一次忍不住问张良说："富贵荣华，这是人人都不愿放弃的，大人何以功成之时，一概不求呢？大人也曾是义气中人，这样销声匿迹，岂不太可惜了吗？请大人三思。"

张良随口一叹说："正因如此，我才有如此抉择啊。"

张良的心腹闻言一怔，茫然不语，张良低声说："我年轻时，散尽家财，行刺秦王。追随沛公，唯恐义不倾尽，智有所穷，方有今日的虚名。时下大局已定，天下太平，谋略当是无用之物了，我还能彰显其能吗？谋有其时，智有其废，进退应时，方为智者啊。"

张良和外人从不袒露心声，好友探望他，他从不议论时事。一次，群臣因刘邦要废掉太子刘盈之事找他相商，他枯坐良久，最后只轻声说："皇上有此意愿，定有其道理，做臣子的怎能妄加评议呢？我对太子素来敬重，只恨我人微言轻，不能帮太子进言了。"

群臣苦劝，张良只是婉拒。群臣悻悻而去，张良的心腹对张良说："大人一口回绝，群臣皆有怨色，再说废立太子乃天下大事，大人怎忍置身事外，不闻不问呢？"

张良怅怅道："皇上性情，我是深知的啊。此事千头万绪，关系甚大，纵使我有心插手，只怕也会惹来一身的麻烦。群臣怪我事小，皇上怪我事大，我又能怎么样呢？"

吕后派吕泽去强求张良，软硬兼施之下，张良无奈给他出了主意，让吕后请出商山四皓辅佐太子。刘邦一直崇敬这四个人，待见他们出山相助太子，大惊失色，自知太子羽翼已成，不得不放弃了废太子的念头。

吕后派人向张良致谢，张良却回绝说："这都是皇后的高见，与我何干呢？请转奏皇后，此事千万不要再提起了。"

吕后听了使者回报，感叹良久，她对自己的妹妹说："张良不居功是小，弃智绝俗才是大啊。我先前只知道他智谋超群，今日才知他是深不可测，非我等可以窥伺得了的。"

刘邦死后，吕后专权。张良对世事的变故一概不问，求见他的大臣他也一律不见。吕后见他潜心研学道家养生之术，便不以他为患，反而对他愈生钦敬。她派人对张良说："人的一生，十分短暂，应该及时享乐。听闻你为修炼仙术，竟致绝食，何须如此？切不要自寻烦恼了。"

在吕后的一再催促下，张良这才勉强用饭。吕后对其他的大臣或杀或贬，却独对张良关爱有加。

做人虽然不一定要像张良这样功成身退，超然世外，但至少要学习他的这种隐匿锋芒的精神。大肆张扬自己的智慧和才能，显露自身的优势，很可能会使自己陷于被动、不利的局面。

■ 三年不鸣，一鸣惊人

韬晦者经过一段时间的掩饰潜伏，麻痹了敌人的警觉，一旦时机成熟，他们就会突然行动起来，迅速撕去伪装，毫不迟疑地向着预定的目标挺进。这种"三年不鸣，一鸣惊人；三年不飞，一飞冲天"的情况，常常使对手出乎意料而猝不及防。

楚庄王是战国时楚国国君，他在即位后的 3 年里，从不过问朝政，日夜沉浸在田猎与酒色歌舞之中，甚至贴出布告："哪一个胆敢向我提意见，立即斩首，毫不宽恕。"其时，邻国不断前来侵犯，国内的许多大臣也贪赃枉法，玩忽职守。一些忠于国事的大臣很是忧虑。可是，谁也不敢向他进谏。

大夫申无畏看到朝政日益腐败，心中非常着急，冒死进宫求见庄王。此人个子不高，但语言机智而又风趣。他知道，如果直接向庄王提出看法，必然会碰钉子，便想了个巧妙的办法。庄王好猜谜语，他就给庄王准备了一个谜语。

申无畏来到宫中，只见庄王左右拥抱着美女，周围排列着乐队，正在调笑饮酒。庄王看见申无畏来了，笑着说："你是来喝酒的，还是来听音乐的？"申无畏说："都不是。我有一件事不明白，特地来请教大王的。"

庄王问："什么事？"

申无畏说："附近山上飞来一只大鸟，已经 3 年不飞也不叫，不知是什么原因，也不知道这是只什么鸟。"

庄王说："这不是一只平凡之鸟。它 3 年不飞，一飞必定冲上九重云霄；它 3 年不叫，一叫就会惊人。你去吧，你的意思我已经明白了。"

可是数月之后，庄王仍不改逸乐故态，荒淫无度的生活更加严重。大夫苏从认为这样继续下去，后果将不可收拾。他决心不用申无畏的委婉方式，进宫直截了当地劝说庄王。

庄王说："你没有见到我颁布的命令吗？"

苏从说："见到过。我身为国家的重臣，享受着优厚的待遇。如果贪生怕死而不敢指出君王的过失，那不是忠臣。如果我的死能促使君王清醒过来，那我愿意一死。"

此语一出，楚庄王猛然起立，撤去歌舞乐队，立即临朝听政。他从此重用申无畏及苏从两人，并经过调查核实，把在这 3 年中趁机营私舞弊的几百名官员尽数清除，把忠于职守的几百人予以提拔。庄王亲政以后，政治清明。就在这一年，庄王兴兵灭庸（今湖北竹山），不久又起兵攻宋，缴获战车 500 辆之多。楚国势力迅速强大起来。

事实上，在这 3 年的时间里，庄王并没有因游乐而迷失本性。他只是假装沉迷逸乐，以便观察官吏们的真心，选用真正忠心而又有才德的人来辅佐国政。在此期间，楚国也得到休养生息。3 年一过，条件成熟，静极而动，一飞冲天。庄王用意之深，后来很少有人能及。

楚庄王于外洒脱果敢，形象英武；于内智谋深沉，心机细密，是春秋五霸中最具霸王姿态的人物。

我们从"三年不飞不鸣"的故事中，也可领略到楚庄王的深沉与睿智。从卧龙先生久居南阳僻壤，未出隆中便提出三分天下，到明太祖的谋士朱升"高筑墙，广积粮，缓称王"的见解，无不证明"一鸣惊人"是一种重要的韬略。

■ 低调做人的哲学

低调做人，用俗话说就是"不显山不露水"，面对功名利禄顺其自然，淡泊处之。

唐朝大将郭子仪一生活得像模像样，其实就得益于这 4 个字："低调做人。"

位高权重的郭子仪，经常被宦官们视为眼中钉。代宗大历二年十月，正当郭子仪领兵在灵州前线与吐蕃军拼杀的时候，鱼朝恩却偷偷派人掘了他父亲的坟墓。当郭子仪从泾阳班师回朝时，朝中君臣都捏了一把汗，怕他回来不肯和鱼朝恩善罢甘休，会闹得上下不安。郭子仪入朝的那一天，代宗主动提了这件事，郭子仪却躬身自责，说："臣长期带兵打仗，治军不严，未能制止军士盗坟的行为。现在，家父的坟被盗，说明臣的不忠不孝已得罪天地。"君臣们听了，都由衷地佩服郭子仪坦荡的胸怀。

郭子仪心里明白，自己功劳越大，麻烦就越大，就是当朝皇帝代宗，也会对自己有所顾忌。所以他处处谨慎小心，以求自保。每次代宗给他加官晋爵，他都恳辞再三，实在推辞不掉，才勉强接受。广德二年，代宗要授他尚书令，他死也不肯，说："臣实在不敢当！当年太宗皇帝即位前，曾担任过这个职务，后来几位先皇，为了表示对太宗皇帝的尊敬，从来没有把这个官衔授给臣子，皇上怎能因为偏爱老臣而乱了祖上规矩呢？况且，臣才疏德浅，已累受皇恩，怎敢再受此重封呢？"代宗没法，只得另行重赏。

郭子仪以豁达大度和深谋远虑，得以保全自己。他位极人臣，满堂儿孙，享尽了人间荣华富贵。

人往高处走，水往低处流，想出人头地，无论何时，无论从什么角度来评论，都是一种向上的姿态，其积极意义不可小觑。

在一个团队当中，急于出头、急于想让自己冒出来的人有很多，大家互为制约，互为掣肘。在有些团队当中急于出头的竞争是很激烈的，这时低调做人更是一种理智的做法，它既不妨碍别人出头的视线，也免得自己首先成为众矢之的，成为先烂的"椽子"。

社会上处处充满竞争，官场有竞争，职场有竞争，商场有竞争，情场有竞争。任何竞争都需要勇气，也更需要策略，而其中最大的策略就是像郭子仪那样在残酷无情的竞争中保持低调做人的本分。

低调做人既是一种处世哲学，也是一种处世姿态，更是一种理智的人生选择。

由卑微而至尊贵，这是一个人走向成功与卓越的正向逻辑。因此，开始时的卑微并不是低贱和耻辱，而是抵达尊贵的必要过程。所以，千万不要急于显露自己，在任何时候都要学着隐匿锋芒、伺机而动。

第 031 件事

谨言慎行，谨防祸从口出

古往今来，无数事例告诉我们：祸从口出，每个人都必须管好自己的嘴巴，谨言慎行。

有的人性格刚直，说话不会绕圈子，结果给自己带来很多的麻烦，严重者还会影响自身的发展。

而真正的聪明人绝不会逞一时口舌之快，他们往往十分谨慎三思而后"言"。

■ 揭短的话千万不能说

世界上没有十全十美的人，每个人总有自己的弱点、缺点或污点，在谈话时一定要避开对方所忌讳的短处，因为忌讳心理人皆有之。如果在交际场合揭人家短处，轻则遭人冷眼，重则可能引发事端，祸及自身。

凡是弱点、缺点、污点，一切不如别人之处都可能成为忌讳之物。总结起来，有 3 个方面一定要多加注意。

1. 丑陋之点

人人都有爱美之心，不幸的丑陋者和残疾者大多有自卑感，不愿听到跟自己的短处有关的话题。谢顶者忌说"亮"，胖子忌说"肥"，矮子忌说"武大郎"，其貌不扬者忌说"丑八怪"，等等。这种完全正常的心理应该得到充分理解。

有生理缺陷的人本来就很痛苦，如果再被别人拿来取乐，会给他（她）造成很大的伤害，这样很容易激怒他们。

曾有过这样一则新闻：一位女中学生，只因为有人说了她一声"胖女人"，她羞愧至极，绝食身亡。

有时候，说话者由于不小心而在言辞中触及他人的生理缺陷，人家虽然当面没对你发火，但心里却在记恨你。因此应时时处处顾及他人的生理短处，不要拿来取笑，但也要小心自己有把柄被别人抓住。即使伤了别人，对自己也不见得有多少好处，还是少说这类话为佳。

2. 失意之处

人生在世，总希望自己能一帆风顺，有所作为，实现人生的价值。但是，月有阴晴圆缺，人难免有失意之处，或高考落榜，或恋爱受挫，或久婚不育，或夫妻反目，或就业不顺利，或职称评不上，诸如此类的失意之处暂时忘却倒也轻松，有人有意无意提起就使人心灰意懒，沮丧不已。万事如意、踌躇满志之人则多以昔日的失意为忌讳，生怕传播开去，有失脸面。

对于他人的失意之处，在说话的时候一定要有所顾忌，不可随便提及。

3. 痛悔之事

人的一生中免不了要犯这样或那样的错误，而一旦认识错误便会痛悔之至，以后一想起自己曾犯过的错误就自觉脸上无光。犯过品质错误（如曾有偷窃行为或生活作风问题）者更是讳莫如深，如果听到有人说起类似的错误，就会有芒刺在背、无地自容之感。

触及人家的短处，不管是有意还是无意，对己对人都是不利的，我们在口语交际时应该注意这一点。

■ 说话不可不看对象

人与人之间的差别是多方面的，就口语表达和接受而言，最大的现实差别主要有以下几个方面，而口语交际中的"不看对象"，也主要表现为对这样一些方面的"不注意"。

1. 不注意年龄差异

我们经常可以发现，小孩之间的吵架常常是由于互相诋毁导致的。

"阿军，你为什么又跟小亮打架呢?"妈妈问道。
"谁叫他骂我是个秃子!"阿军愤愤地说。

"你长得真像个包子!"一个小男孩对旁边的女孩说。
女孩马上反驳道:"你以为你长得美呀，哼，芦柴棒一根!"

年龄的不同，会导致听话者对话题反感的程度不同。像小孩，你就不能指责他，而对于老人，最忌讳提及"死"字。例如，几位年轻工人去看望一位退休多年的老师傅。

"您老身体真硬朗，今年高寿?"
"79，快 80 了。"
"好呵，人生七十古来稀，厂里数您最长寿吧?"
"哪里，老宋才是冠军，他活了 85。可是年岁不饶人，他前不久去世了。"
"嚯，这回该轮到你了!"
老师傅一听这话，脸色陡然变了。

不要把听话者一视同仁，你不仅要考虑他（她）的性别，还要考虑他（她）的年龄。

2. 不注意文化层次差异

一位大学毕业生分到一家厂子工作，起初感觉不错，但没过几个月，发现车间主任对他越来越冷淡了。他很迷惑。后经一位好心师傅指点，他才恍然大悟:原来他在学校待惯了，说话爱用些术语，像什么"最优化方案"、"程序化"、"目标管理"等。而车间主任只上过技校，最烦别人在他面前咬文嚼字、卖弄学识。

到什么山上唱什么歌，当你与不同层次的听话者说话时，你就必须用他所具有的文化水平跟他说话。如果你客气地向一位没文化的老太太问道:"您配偶呢?"人家说不定还以为你是问她"有没有买藕"呢。一般来说，文化层次越高,越喜欢用一些典雅的言辞。例如，"拉屎撒尿"说成"上厕所"、"去洗手间"等。

3. 不注意风俗习惯的差异

由于人们所处的地域不同，所以形成了不同的风俗习惯。不同的交谈对象，可能会有不同的风俗习惯。如果不注意交谈对象的风俗习惯，也可能造成失误，影响交际。

> 　　一位美国生意商来到一家公司洽谈生意，生意商刚走下小车，公司经理迎了上去，一句生硬的英语脱口而出："You had breakfast yet？"（您吃过早饭了吗？）
>
> 　　经理这一问，可把生意商问懵了，他看了看周围的人，又拿出表看时间，很是莫名其妙。他问身边陪同的翻译人员："这家公司的先生没有邀请我吃饭呀。现在都10点钟了，还没吃早饭吗？"这位翻译员突然醒悟过来，连忙解释，才避免了一场误会。

在西方国家，如果你问对方吃过饭没有，他们会以为你想邀请对方就餐或吃点东西。假如对方回答"还没有吃过"，你又不发出邀请，对方则会认为你耍弄他们。前面经理的"您吃过早饭了吗"本来是一句典型的中国客套话，可是外商理解不了，险些造成误会。

此例告诉我们，说话要注意区分对象，注意交际中的习俗，即使客套话也不例外。

大多数人都知道回族人有不吃猪肉的风俗，如果你在一位回民朋友面前大谈猪肉是如何如何好吃，那一定会激怒对方。

总之，说话一定要考虑对方的风俗习惯，千万别说些有违对方风俗习惯的话。

■ 说话要讲究方式方法

在交际中，如果不注意说话方式，所用的说话方式不恰当，对方就会据此理解你的语意。当出现理解上的歧义时，就有可能造成不良后果，从而影响正常交际，违背表达者的初衷。

讽刺挖苦是一种有强烈刺激作用的表达方式。它往往是以嘲笑的口吻说出对方的缺点、不足、丑处，使人当众出丑，难以忍受，轻则反唇相讥，重则大打出手，造成很恶劣的后果。

某主任如此议论他的下属："黄×那个人这辈子算是白来了，堂堂大学毕业，找不上一个老婆，姑娘们见面就摇头。他写的那个文章，就像小学生作文，前言不搭后语，字还没有蜘蛛爬得好。我要是他，早找根草绳上吊了……"

黄×后来听到这些议论，索性在工作上一字不写，利用业余时间写小说、写报告文学。

作为工作中的上级和情感上的朋友，看到下级及朋友身上存在缺点和不足，应该当面指出来，指导他，帮助他，促使他前进，而不应该取笑他。那些善于取笑别人的人，往往缺乏自信心，对前途有一种恐惧感，害怕别人看不起自己，因而借取笑别人来释放心中的压抑，试图改善自身的形象。岂不知，这样做恰恰破坏了自我形象，引起他人的反感与对立。

因此，讽刺挖苦的表达方式绝不可轻易使用。那种粗俗谩骂的说话方式也应该予以摒弃。

说话要讲究文明礼貌，这是最起码的要求，口语交际中，说话粗俗不雅，满口脏话，甚至谩骂、恶语伤人等不文明谈吐，是对他人的侮辱，是令人难以忍受的。这种说话方式往往造成不愉快的结果，影响交际，破坏风尚。

从表达的语气语调来看，说话方式还有刚柔软硬之分。一般情况下，语气温和，用词恰当，这种表达如和风细雨，听来亲切，易于被人接受，产生好感。即便是在内容上有违对方的意思，也不至于当场把对方得罪。相反，刚烈之言，语气生硬，高声大嗓，如同斥责训教，听来刺耳，使人感到难受、反感，有时甚至说话的内容并无问题，但就因使用了这种刺激人的说话方式，仍然使人生气、发火，得罪人。

对于一个不同意自己观点的辩论对手，如果说："你这个人不可理喻！"对方必然要做出强烈反应。

当自己的意见不被对方理解时，就生气地说："和你说话，简直是对牛弹琴！"对方会感到是一种侮辱，与你对抗。

类似的生硬说法都会在不同程度上得罪人。

生硬话、愤怒话，大多是顺口而出的，没有经过推敲，因而有失分寸是很自然的事。这种语言又多是"言出怒出"，它如同烈火一般，常常起到破坏作用。

我们在交谈时，常常会犯这样一个错误，就是当发现对方有明显的错误时，会不客气地批评对方说："那是错的，任何人都会认为那是错的!"这样一来，对方的自尊心会受到伤害，而突然陷入沉默。

批评是我们常要做的事，尤其当你是一位长辈或领导时。但有些人批评起来简直让他人无地自容，下不了台阶。其实，这种批评方式不但无法达到让他人改正错误的目的，而且有碍于你的人际关系。既然如此，为何还要使用这种"残酷"的手段呢？在生活和工作中，我们不可能没有批评，但要学会巧妙地批评，让他人既意识到自己的错误，并尽快改正，同时也理解你善意批评的意图，使他对你心存感激。或者批评之前先总结一下他人的优点，然后慢慢引入缺点。在他人尝到苦味之前，先让他吃点甜味，再尝这种苦味时就会好受些。

> 一天下午，查理·夏布经过他的一家钢铁厂，撞见几个雇员正在抽烟，而他们的头顶上正挂着"请勿吸烟"的牌子。那么夏布先生是如何处理此事的呢？他并没有指着牌子说："你们难道不识字吗？"而是走过去，递给每人一支烟，然后说："老兄，如果你们到外边抽，我会很感谢你们。"员工当然知道自己破坏了规定，但是夏布先生不但没说什么，反而给了每个人一样小礼物，谁能不敬重这样的老板呢？

间接指出别人的不足，要比直接说出口来得温和，且不会引起别人反感。不管说话目的是什么，我们都应该采取委婉的方式，这样效果会好很多。

第 032 件事

做事前制订明确而现实的计划

学习、工作都要有章法，不能眉毛、胡子一把抓，要根据制订的工作计划，一步步地把事情做成功。

在明确做事的目的和任务后，能不能实现就在于能否进行合理的组织工作。

卡耐基认为，计划并不是对个人的一种束缚与管制，必须做什么或不应该做什么并不是由计划决定的。在制订计划的过程中，其实就是一个自我完善的过程，所以，对于计划一定要坚持，并坚信会实现它。

制订计划是每一位想要实现高效率工作的人必须养成的习惯。

■ 明确做事的目的

培根也说过："选择时间就等于节省时间，而不合乎时宜的举动则等于乱打空气。"没有一个明确可行的工作计划，必然浪费时间，要高效率地工作就更不可能了。试想，如果一个搞文字工作的人资料乱放，找个材料需要半天时间，那么他的工作是没有效率可言的。

工作的有序性，体现在对时间的支配上，首先要有明确的目的性。很多成功人士就指出：如果能把自己的工作任务清楚地写下来，很好地进行自我管理，就会使得工作条理化，个人的能力也会得到很大的提高。

只有明确自己的工作是什么，才能认识自己工作的全貌，从全局着眼观察整个工作，防止每天陷于杂乱的事务之中。明确的办事目的将使你正确地掂量各个工作的重要程度，弄清工作的主要目标在什么，防止不分轻重缓急，耗费时间又办不好事情。

只有明确自己的责任与权限范围，才能消除自己的工作与上级下级的工作以及同事工作中的互相扯皮和打乱仗现象。

填写工作清单是一种明确工作目标的好方法。首先，你可以找出一张纸，毫不遗漏地写出你所需要做的工作。凡是自己必须干的工作，不管它的重要性和顺序怎样，都一项不漏地逐项排列起来，然后按这些工作的重要程度重新列表。重新列表时，你要试问自己：如果我只能干此表当中的一项工作，应该干哪一件事呢？然后再问自己：接着该干什么呢？用这种方式一直问到最后一项。这样自然就按着重要性的顺序列出自己的工作一览表。然后，回想一下你要做的每一项工作往常怎么做，并根据以往的经验，在每项工作中总结出你认为最合理有效的方法。

■ 细分目标，分段完成

在日常生活、工作中，我们都会有自己的目标，达到目标的关键在于把目标细化、具体化。

一幢建筑是由一砖一瓦砌成的，每块砖、每块瓦本身显得并不重要。同样的道理，成功者的一生是由无数个看上去微不足道的小方面构成的。

时刻牢记这样一个问题：这有助于实现自己的目标吗？用它去评价你做的每一件事，如果回答是不，即回头，反之，则要继续向前。

有的人看上去好像是一举成功的，但如果你仔细研究他们的经历，你会发现他们以前就已经奠定了坚实的基础。那些获得泡沫式成功的人，永远是靠不住的，他们没有任何坚实的基础，最终会轻易地失去一切。

约翰是一位拥有出色业绩的推销员，可是他一直都希望能跻身于销售业绩最高的行列中。但是一开始这不过是他的一个愿望，从没真正去争取过。直到 3 年后的一天，他想起了一句话："如果让愿望更加明确，就会有实现的一天。"

于是，他当晚就开始设定自己希望的总业绩，然后再逐渐增加，这里提高 5%，那里提高 10%，结果顾客却增加了 20%，甚至更高。这激发了约翰的热情。从此他不论碰到什么状况、任何交易，都会设定一个明确的数字作为目标，并在一两个月内完成。

"我觉得，目标越是明确，计划越是周全，就越感到自己对达到目标有股强烈的自信与决心。"约翰说。他的计划里包括"我想得到的地位、我想得到的收入、我想具有的能力"，然后，他把所有的访问都准备得充分完善，相关的业界知识加上多方面的努力积累，终于在第一年的年终使自己的业绩创造了空前的纪录，以后的年头效果更佳。

约翰自己得出一个结论："以前，我不是不曾考虑过要提高业绩、提升自己的工作成就。但是因为我从来只是想想而已，没有具体计划，不曾付诸行动，当然所有的愿望都落空了。自从我明确设立了目标，以及为了切实实现目标而设定具体的数字和期限后，我才真正感觉到，强大的推动力正在鞭策我去达到它。"

■ 计划必须适度

确定整体目标和分段目标之后，就应该着手制订具体的计划，制订具体计划时一定要注意：这份计划必须是适度的、切实可行的。

不要太理想化，把计划的目标定得过高，或者把计划的进程排得过满，因为如果计划中的一些步骤由于能力或者客观条件等原因无法落实，就是打击我们做事的信心，而且，一个环节的计划没有完成，会直接影响下一个环节的事，一级一级地影响下去，整个计划的大厦就会像多米诺骨牌一样，轰然倒塌。

如果计划定得太低，根本不用集中全部精力努力就能完成，那么会直接导致时间的浪费，而且，由于感到计划很容易完成，就会在内心里放松对自己的要求，这样会影响做事的效率，也是不可取的。

在做计划的具体实践中，要根据个人的具体情况确定计划内的工作量和要实现的目标。

如果小王打算在一年之内看完 20 本经济学名著。那么他首先要估算出自己这一年内的空闲时间，再把这 20 本书的读书量均衡地分配到这些空闲时间中，事先，必须充分考虑到各情况，平时要上班，只能在晚上看，周六周日时间相对宽裕一些，所以，就可以多安排一些。但是，如果他还想在这一年内抽出时间学习游泳，所以希望尽早完成读书任务，改变计划，让自己在一周之内看完一本书，这样的计划显然是不合理的，因为再快的阅读速度也无法保证这样的阅读量，而且这样一来，读书的效率必然大受影响，至于笔记心得之类的读书感受更是无暇顾及了。只有按照书的厚度和难度，准确评估看每一本书需要的时间，然后在有限的时间内平均分配，才能保证计划的顺利进行。

所以，如果你这一年很忙，就不要订下去国内 10 个城市旅游的计划。

如果你刚刚参加工作，还是一个普通职员，就不要订下半年之内成为总经理的计划。

哪怕你的热情很高，也不要计划在一天之内完成一周的工作量。

因为这样的计划很难实现，它会影响你做事的热情。

同时，下面这些计划也是你要规避的：

作为一个想要参加马拉松赛跑的队员，计划一年之内每天慢跑 400 米；

作为一位工厂的工人，计划每天按时完成规定的工作量；

作为高收入阶层的一员，计划半年之内买下自己最喜欢的照相机；

……

这些计划，对于提高做事的效率毫无帮助，是无效计划。

做事必须要有计划，而计划又必须合适、有度，这是由计划的"现实性"决定的，充分考虑到这一点，才能制订出现实可行的计划，提高做事的效率。

第 033 件事

提高你的情商指数

简单地说，情商就是控制情绪的能力，包括：如何激励自己愈挫愈勇；如何克制冲动，延迟满足；如何调适情绪，避免因过度沮丧影响思考能力；如何设身处地为人着想，对未来永远充满希望。

■ 情商决定成败

美国前总统比尔·克林顿在小时候智商很高，小学的时候就一直品学兼优，但是他并没有注意培养自己的情商。有一次学校把成绩单拿回来了，克林顿各项成绩都是 A，也就是优秀，但是有一项成绩不是 A，而是 D，哪一科呢？行为。为什么行为是 D，老师是这样解释的：每次老师提问，比尔都会抢着回答，他智商高嘛，但是这样抢着回答，没给其他同学机会。给他打 D 这个分，就是提醒他一下，今后要注意改进。"给别人机会"，这已经超出了智商的范畴，只有情商高的人才懂得。

克林顿吸取了教训，当总统后，他提出了给一个人最高的奖赏是给一把钥匙，一把什么钥匙？开启未来成功大门的钥匙。这个钥匙是什么呢？奖学金。这就是给别人一个机会。克林顿是高情商和高智商的结合，不仅是聪明，而且是非常聪明。

许多当年在班里学习成绩并不是名列前茅的人，后来却比前几名取得了更大的成就，这样的人大有人在。于是当年的同学、老师都纳闷为何他们会取得成功。

其实是情商在引领他们走向卓越，超越平庸。智商对于绝大多数的人来说是差不多的，而后天的情商教育与情商培养可以改变我们的生命轨迹。

当你信任情商的力量时，情商就会带给你意想不到的奇迹。

■ 情商的主要内容和衡量标准

1995 年 10 月，美国《纽约时报》专栏作家丹尼尔·戈尔曼出版了《情感智商》一书，把情商这一研究新成果介绍给大众，该书迅速成为世界性的畅销书。一时间，"情感智商"这一概念在世界各地得到广泛的宣传。

戈尔曼在他的书中明确指出，情商不同于智商，它不是天生注定的，它主要由下列 5 种能力组成：

（1）了解自己情绪的能力。能立刻察觉自己的情绪，了解情绪产生的原因。

（2）控制自己情绪的能力。能够安抚自己，摆脱强烈的焦虑忧郁以及控制刺激情绪的根源。

（3）激励自己的能力。能够整顿情绪，让自己朝着一定的目标努力，

高情商	较高情商	较低情商	低情商
尊重所有人的人权和人格尊严。不将自己的价值观强加于人。	是负责的"好"公民。自尊。	易受他人影响，自己的目标不明确。比低情商者善于原谅，能控制大脑。	自我意识差。无确定的目标，也不打算付诸实践。
对自己有清醒的认识，能承受压力。	有独立人格，但在一些情况下易受别人焦虑情绪的感染。	能应付较轻的焦虑情绪。	应对焦虑能力差。
自信而不自满。	比较自信而不自满。	把自尊建立在他人认同的基础上。	严重依赖他人。
人际关系良好。	较好的人际关系。	人际关系较差。	处理人际关系能力差。
善于处理生活中遇到的各方面的问题。	能应对大多数的问题。	缺乏坚定的自我意识。	生活无序。无责任感，爱抱怨。

增强注意力与创造力。

（4）了解别人情绪的能力。理解别人的感觉，察觉别人的真正需要，具有同情心。

（5）维系融洽人际关系的能力。能够理解并适应别人的情绪。

心理学家认为，这些情绪特征是生活的动力，可以让智商发挥更大的效应。所以，情商是影响个人健康、情感、人生成功及人际关系的重要因素。

关于情商，目前并没有一个十分准确的衡量标准。以下是情商不同的人具有的不同特征，了解这些，将有利于个人对自己的情商水平做出大致的评估。

■ 认识自己

古希腊德尔斐城的帕提农神庙里，镌刻着一句名言："认识你自己。"认识自己并非易事，所谓"不识庐山真面目，只缘身在此山中"，讲的就是这个道理。

我们常常会说某人一点自知之明都没有，这里所谓的"自知之明"就是自我认识的一个通俗说法。

认识自我的内容如下：对身体外形的认识——有哪些优势，有哪些缺陷；情绪个性——易冲动的还是沉着的；气质类型——胆汁质、多血质、黏液质、抑郁质；有哪些长处，哪些短处……

比如一些人会因为自己的身高或胖瘦而不能坦然面对，那么他的自我认知就出现了障碍。

中外历史上许多杰出的人物都曾进行深入、细致、全面的自我分析。孔子的学生曾参说："吾日三省吾身：为人谋而不忠乎？与朋友交而不信乎？传不习乎？"只有进行自省，才能了解自己，对自己进行正确的认知和评价。也只有这样，才能扬长避短，驾驭情绪，让自己的人生道路少些坎坷，多些收获。

20世纪80年代初，艾科卡励精图治，把克莱斯勒公司从颓势中解救出来，创造了"反败为胜"的神话。分析家认为，其中关键的一条，就是整个管理层痛定思痛，及时调整发展战略，坚忍不拔，共同努力所致。

上任不久，针对公司不景气状况，艾科卡发起了一场"反思周"活动。周末，公司的许多上层管理人员来到户外，他们聚集在疗养所里，彻底地反省自己。疗养所清幽的环境可以让每个人都静下心来，彻底地思考所犯的错误。一位管理人员回忆说："每个人都感到强烈的不安，大家把公司的生意看得很重，希望自己能为它的振兴效力，并为它自豪。"

"反思周"归来，公司又派出 25 名管理人员外出取经，学习人家如何增强企业凝聚力，提高职员素质的经验。同时，解雇一些不专业、不称职的管理人员。这样做，意味着公司精简机构，避免了派系之间不协调。艾科卡本人意识到，自己对下属发指令性命令是不对的，他主动地下放权力。

自我反省不仅仅是对自己的缺点的勇于正视，它还包括对自己的优点和潜能的重新发现。

认识了自己，你就是一座金矿，你就能够在自己的人生中展现出自我的风采。认识了自我，你就成功了一半。

■ 激励自己

一位弹奏三弦琴的盲人，渴望在有生之年看看世界，但是遍访名医，都说没有办法。有一日，这位民间艺人碰见一个道士，道士对他说："我给你一个保证治好眼睛的药方，不过，你得弹断一千根弦，方可打开这张药方。在这之前，是不能生效的。"

于是这位琴师带了一个也是双目失明的小徒弟游走四方，尽心尽力地以弹唱为生。一年又一年过去了，在他弹断第一千根弦的时候，这位民间艺人迫不及待地将那张一直藏在怀里的药方拿了出来，请明眼的人代他看看上面写着的是什么药材，好医治他的眼睛。

明眼人接过药方来一看，说："这是一张白纸嘛，并没有写一个字。"那位琴师听了，潸然泪下，突然明白了道士那"一千根弦"背后的意义。就是这一个"希望"，支持他尽情地弹下去，53 年他就如此活了下来。

这位老了的盲眼艺人，没有把这故事的真相告诉他的徒儿。他将这张白纸郑重地交给了他那也是渴望能够重见光明的弟子，对他说："我这里有一张保证治好你眼睛的药方，不过，你得弹断一千根弦才能打开这张纸。现在你可以去收徒弟了，去吧，去游走四方，尽情地弹唱，直到那一千根琴弦断光，就有了答案。"

希望是人生的方向，是心中一盏不灭的明灯，是我们前进的动力。面对恐惧时，希望使人从容淡定；面对挫折危险时，希望让人获得巨大的能量。

希望就是如此给人信念与信心。相反，一个毫无希望的人会过得十分惨淡。

一个身患绝症的中年妇女，遇到了一位名满天下的名医。她特别希望能够得到他的免费医治——因为她实在拿不出钱来支付高昂的手术费与医药费。

让我们看看她是如何说服那名医生的吧。

妇女："医生，我希望您能为我治病，而且我相信您肯定能治好我的病。"

医生："不错，太太。我的医术是不错，不过您需要一笔费用不小的医疗金。"

妇女："那您就不能免费为我治疗吗？要知道我已经身无分文。"

医生："你没有钱，还打算请最好的医生？！能给我一个理由吗？"

妇女："因为我还想去巴黎旅游，这需要一个好身体，就这些。"

医生："好吧。我从来只为心中存有希望的患者医治。"

希望是春天的一抹绿色、一株绿苗、一朵粉色花朵……它让我们感受到生活的美好，让我们热爱生活。

希望激励我们向着一切美好前行。排除一切路上的障碍，心中长存希望，是自我激励的一个好方法。

■ 提高你的情商指数

要想提高自己的情商指数，就必须掌握正确的方法：

1. 与他人划清心理界限

你也许自认为与他人界限不明是一件好事，这样一来大家能随心所欲地相处，而且相互之间也不用激烈地讨价还价。这听起来似乎有点道理，但它的不利之处在于，别人经常伤害了你的感情而你却不自知。

其实仔细观察周遭你不难发现，界限能力差的人易患病态恐惧症，他们不会与侵犯者对抗，而更愿意向第三者倾诉。如果我们是那个侵犯了别人心理界限的人，发现事实的真相后，我们会感觉自己是个冷血的大笨蛋。同时我们也会感到受伤害，因为我们既为自己的过错而自责，又对一个第三者卷进来对我们评头论足而感到愤慨。

界限清晰对大家都有好处。你必须明白什么是别人可以和不可以对你做的。当别人侵犯了你的心理界限，告诉他，要求他改正。如果总是划不清心理界限，那么你就需要提高自己的认知水平。

2．学会控制情绪，平静心情

美国人曾开玩笑地说：当遇到事情时，理智的孩子让血液进入大脑，能聪明地思考问题；野蛮的孩子让血液进入四肢，大脑空虚，疯狂冲动。

控制情绪爆发有很多策略，其中一个方法就是注意你的心律，它是衡量情绪的精确尺子。当你的心跳快至每分钟 100 次以上时，调整一下情绪至关重要。在这种速率下，身体分泌出比平时多得多的肾上腺素。我们会失去理智，变成好斗的蟋蟀。

当血液又开始涌向四肢时，你可以选用以下的方法来平静心情：

（1）深呼吸，直至冷静下来。慢慢地、深深地吸气，让气充满整个肺部。把一只手放在腹部，确保你的呼吸方法正确。

（2）自言自语。比如对自己说："我正在冷静。"或者说："一切都会过去的。"

（3）采用水疗法。洗个热水盆浴，可能会让你的怒气和焦虑随浴液的泡沫一起消失。

（4）你也可以尝试美国心理学家唐纳·艾登的方法：想着不愉快的事，同时把你的指尖放在眉毛上方的额头上，大拇指按着太阳穴，深吸气。据艾登说，这样做只要几分钟，血液就会重回大脑皮层，你就能更冷静地思考了。

3．停止抱怨

对于没完没了的抱怨，我们称之为唠叨。抱怨会消耗精力而又不会有任何结果，对问题的解决毫无用处，很少会使我们感到好受一点。

所有的人都发现，如果对有同情心的第三方倾诉委屈，而他会跟着一起生气的话，我们会感觉好受一些。有人对你说："可怜的宝贝。"这对你来说是莫大的安慰，你的压力似乎减轻了，于是你又能重新面对原有的局面了，尽管事情没有任何改变。

但是如果你不抱怨，你会感受到巨大的心理压力。压力有时并不是个坏东西，是的，它也许会让你感觉不舒服，但同时也是促使你进行改变的力量。一旦压力减轻，人就容易维持现状。然而，如果压力没有在抱怨中流失，它就会堆积起来，所以无论发生了什么事，抱怨都于事无补，它只会让你面对更糟糕的局面。

4. 尝试不同的生活方式

你是一个性格开朗外向的人，还是性格内向、只喜欢独处或和几个密友在一起的人呢？你喜欢提前计划好每一天，以知道要干些什么事，还是毫无计划呢？人人都有自己的偏爱，如果可以选择的话，每个人都会选择自己偏爱的方式。然而，突破常规，尝试截然相反的行动会更有助于我们的成长。

如果你总是热衷于做中心人物，那就改改吧，试着让那些平日毫不起眼的人出出风头。如果你总是被动地等待别人和你搭讪，不妨主动上前向对方问个好。

上述方法可以帮助你更好地提高情商。

成功不是单靠高智商就能达到的，有时候，情商也能决定你的成败。所以，学着了解情商、提高情商吧！让高情商成为你制胜的资本。

第 034 件事

管理好你的情绪

　　任何时候，一个人都不应该做自己情绪的奴隶，不应该使一切行动都受制于自己的情绪，而应该反过来控制情绪。无论境况多么糟糕，你都应该努力去支配你的环境，把自己从黑暗中拯救出来。

■ 情绪影响你的生活

　　1965 年 9 月 7 日，世界台球冠军争夺赛在美国纽约举行。路易斯·福克斯的得分一路遥遥领先，只要再得几分便可稳拿冠军了，就在这个时候，他发现一只苍蝇落在主球上，他挥手将苍蝇赶走了。可是，当他俯身击球的时候，那只苍蝇又飞回到主球上来了，他在观众的笑声中再一次起身驱赶苍蝇。这只讨厌的苍蝇破坏了他的情绪。而更为糟糕的是，苍蝇好像是有意跟他作对似的，他一回到球台，它就又飞回到主球上来，引得周围的观众哈哈大笑。路易斯·福克斯的情绪恶劣到了极点，终于失去了理智，愤怒地用球杆去击打苍蝇，球杆触动了主球，裁判判他击球，他因此失去了一轮机会。之后，路易斯·福克斯方寸大乱，连连失分，而他的对手约翰·迪瑞则愈战愈勇，超过了他，最后夺走了桂冠。第二天早上，人们在河里发现了路易斯·福克斯的尸体，他投河自杀了！

　　一只小小的苍蝇，竟然击倒了所向无敌的世界冠军！路易斯·福克斯夺冠不成反丧命，这是一件令人深感遗憾的事情。

情绪的失控常常会导致令人悔恨的事情发生。

情绪是人对事物的一种最浮浅、最直观、最不用脑筋的情感反应。它往往只从维护情感主体的自尊和利益出发，不对事物做复杂、深远和智谋的考虑，这样的结果，常使自己处在很不利的位置上，或为他人所利用。本来，情感离智谋就已距离很远了（人常常以情害事，为情役使，情令智昏），情绪更是情感的最表面部分、最浮躁部分，凭情绪做事，焉有理智？不理智，能有胜算吗？

美国生理学家艾尔玛将一支支玻璃管插在摄氏零度、冰和水混合的容器里，借以搜集人们不同情绪时呼出来的"汽水"。结果发现，心平气和时呼出的气凝成的水澄清透明、无色、无杂质；如果生气，则会出现紫色的沉淀。研究者将"生气水"注射到白老鼠身上，几分钟后，老鼠居然死了。

上面的实验足见人的情绪对生理健康产生的巨大影响。同样，人的情绪也大幅度地影响着我们的生活与工作，甚至在一定程度上影响我们在事业上的成败。在很多情况下，乐观能够增强人的信心和弹性，使人在面对困难的时候具备积极的心态，能够勇敢地去解决困难、突破困难，从而奔向胜利。而嫉妒、仇恨等情绪则会使人失去宽容、平和和正义感，有时甚至使人丧失理智，走上歧路。所以，能够稳妥地控制情绪，保持调节一种稳定的情绪和心态，会让自己的生活、让自己的未来少受很多伤害和影响。

比如你是一个销售人员，面对顾客的拒绝，可以有两种选择，一种是自我否定，两个月不想起床，也可以对自己说，这只是一个玩笑而已，他拒绝的不是我，是我的销售方式。他不是不买，只是他还不够了解，他今天只是跟太太吵架，所以对我发了一点脾气，这没有关系。我在他心情好的时候再来，也许就会成交。优秀的人不是没有坏情绪，只是不会轻易被坏情绪控制。

所谓成功的人，就是心理障碍突破最多的人，因为每个人或多或少，都会有各式各样、大大小小的心理障碍。这么多的人心理有障碍，说明情绪控制理论的市场是很大的。一些有过情绪问题的人受到启发，在学会了情绪控制以后，更加热情地接受这些观念和做法，更积极地为自己的人生做出决定，决定做一个掌控情绪的人，不再被情绪控制。

■ 我的情绪操之在我

将你追求成功的欲望，转变成一股强烈的执着意念，并且着手实现你的明确目标，这是使你学得情绪控制能力的两个基本要义。这两个基本要义之间，具有相辅相成的关系，而其中一个要义获得进展时，另一要义也会有所进展。

其实控制自己的情绪并不是做不到的事。控制情绪的方法很多，现分别介绍如下。

1. 转移

当我们受到无法避免的痛苦打击时，长期沉浸在痛苦之中，既于事无补、不能解决任何问题，又影响自己的工作、损害健康，所以我们应该尽快地把自己的注意力转移到那些有意义的事情上去，转移到最能使你感到自信、愉快和充实的活动上去。这一方法的关键是尽量减少外界刺激，尽量减少它的影响和作用。

2. 解脱

解脱就是换一个角度来看待令人烦恼的问题，从更深、更高、更广、更长远的角度来看待问题，对它做出新的理解，以求跳出原有的圈子，使自己的精神获得解脱，以便把精力全部集中到自己所追求的目标上。解脱并不是消极地宽慰自己，其实这样做有更重要的、积极的一面。我们的烦恼有很多都是因为自己心胸狭窄，只看到自己眼前的一点利益或身边的几件事，而没有从更广的范围、长远的角度来想，为一些非原则的小事而忽略了生活中的大事。积极的解脱是把长远利益放在首位，抛开区区小事，而全神贯注地去追求自己的远大目标。

3. 升华

升华就是利用强烈的情绪冲动，把它引向积极的、有益的方向，使之具有建设性的意义和价值。

我们常说的"化悲痛为力量"就是指升华自己的悲痛情绪。其实不只是悲痛可以化为力量，其他的强烈情感也都可以化为力量。例如，可以化愤怒为力量、化仇恨为力量、化教训为力量、化鼓励为力量、化羞辱为力量，等等。世界上最值得赞美的行为之一就是发奋努力、不断进取、升华自己。这种升华是自人类心灵中迸发出来的最美的火花，也是人类赖以生存和发展的最重要的情操。著名心理学家弗洛伊德把升华看作是最高水平的自我防御机制。他认为，只有健康和成熟的人才有可能实现升华。

4. 利用

利用，就是我们常说的"坏事也能变成好事"。一种利用是对时机和客观条件的利用。对一个使我们苦恼的强制性要求，要巧妙地加以利用，首先在精神上感到自己由被动转化为主动，进而可以使烦恼变为怡然自得、乐在其中。还有一种利用，就是对情绪本身的利用。把情绪化为情趣加以利用，这里说得更为具体一些，是指"嬉笑怒骂，皆成文章"的意思。诗人利用他涌现的激情写出了流传千古的诗篇，作曲家则当他灵感闪现时谱出了动人心弦的乐章。当自己真挚的感情强烈涌现时，抓住它做一些有益的事。

如果一个人看清了自身的处境，知道哪些情况是必得承受、无可避免地，就得想办法让自己承受得愉快些、有意义些。也就是说，你要支配情绪、控制情绪，不能让情绪支配、控制你，甚至摧毁你。健康愉快的生活来自勇敢进取的生活态度，只会诅咒生活的人，永远无法品尝到生活的乐趣。

第 035 件事

自律是种重要的能力

　　宽以待人、严以律己是一种人生态度。这里说的律己就是自律。自律是组成健全人格的一个重要元素。

　　自律是自己管理自己、自己尊重自己、自己塑造自己。一个能自我管理的人，是一个成熟的人，是一个为自己负责任的人。

■ 成功始于自控

　　习惯是一个人成功或者失败的分水岭。好习惯是一个人通向成功的保证，而染上了恶习或者坏习惯，就等于向失败敞开了一扇大门。

　　约翰·卡许很小的时候就梦想要成为一名歌手。上大学时，他买到了自己有生以来第一把吉他。他开始自学弹吉他，并练习唱歌，他甚至自己创作了一些歌曲。毕业后，他开始努力工作以实现当一名歌手的夙愿，可他没能马上成功。没人请他唱歌，就连电台唱片音乐节目广播员的职位他也没能得到。他只得靠挨户推销各种生活用品维持生计，不过他还是坚持演唱。他组织了一个小型的歌唱小组，在各个教堂、小镇上巡回演出，为歌迷们演唱。最后，他灌制的一张唱片奠定了他音乐工作的基础。他吸引了两万名以上的歌迷，金钱、荣誉、在全国电视屏幕上露面——所有这一切都属于他了。他对自己坚信不疑，这使他获得成功。

　　很快，卡许面临了他人生中的第二次考验。经过几年的巡回演出，他被那些狂热的歌迷拖垮了，晚上须服安眠药才能入睡，而且还要吃些"兴奋剂"

来维持第二天的精神状态。他开始沾染上一些恶习——酗酒、服用催眠镇静药和刺激兴奋性药物。他的恶习日渐严重，以至于对自己失去了控制能力。他不是出现在舞台上而是更多地出现在监狱里了。

一天早晨，当他从佐治亚州的一所监狱刑满出狱时，一位司法官员对他说："约翰·卡许，我今天要把你的钱和麻醉药都还给你，因为你比别人更明白你有充分的自由地选择自己想干的事。看，这就是你的钱和药片，你现在就把这些药片扔掉吧，否则，你就去麻醉自己、毁灭自己，你选择吧！"

卡许选择了重新开始。他又一次对自己的能力做了肯定，深信自己能再次成功。他回到纳什维利，并找到他的私人医生。医生不太相信他，认为他很难改掉吃麻醉药的坏毛病，医生告诉他："戒毒瘾比找到上帝还难。"

然而卡许并没有因为医生的话而放弃自己的想法。他知道"上帝"就在他心中，他决心"找到上帝"，尽管在别人看来几乎不可能。他开始了第二次奋斗。他把自己锁在卧室里闭门不出，一心一意要根绝毒瘾，为此他忍受了巨大的痛苦，经常做噩梦。后来在回忆这段往事时，他说，他总是昏昏沉沉，好像身体里有许多玻璃球在膨胀，突然一声爆响，只觉得全身布满了玻璃碎片。当时摆在他面前的，一边是麻醉药的引诱，另一边是他奋斗目标的召唤，结果他的信念占了上风。9个星期以后，他又恢复到原来的样子了，睡觉不再做噩梦。他努力实现自己的计划。几个月后，他重返舞台，再次引吭高歌。他不停息地奋斗，终于又一次成为超级歌星。

约翰·卡许曾经在自己的歌唱事业上取得过成功，成为众人喜爱的歌星。然而由于染上了吸毒的恶习，几乎葬送了自己一生的事业。破除恶习的要诀是代之以良好习惯。这样的改变往往在一个月内就可完成。办法如下：

1. 选择正确的时间

事不宜迟，想改变习惯而又一再地拖延，就会更加害怕失败。在较为轻松的日子，所下的决心即使面临考验也较易应付，因此选择的月份应没有亲朋好友来你家小住，也没有太多限期完成的事情要办。不要选择年底之前，年底要准备过节，不免忙碌紧张，那种压力只会使恶习加深，令人故态复萌。

2. 运用意愿力而非意志力

习惯之所以形成，是因为潜意识把这种行为跟愉快、慰藉或满足联系起来。潜意识不属于理性思考的范畴，而是情绪活动的中心。"这种习惯会毁掉你的一生。"理智这样说，潜意识却不理会，它"害怕"放弃一种一向令它得到安慰的习惯。

运用理智对抗潜意识，简直难以制胜。因此，要戒掉恶习，意志力不及意愿力有效。

3. 找个替代品，用好习惯替代坏习惯

另外培养一种新的好习惯，那么破除坏习惯就会容易得多。

有两种好习惯特别有助于戒除大部分的坏习惯。第一种是采用一个有营养和调节得宜的食谱。情绪不稳定使人更依赖坏习惯所带来的慰藉，防止因不良饮食习惯而造成的血糖时升时降，有助于稳定情绪。

第二种是经常做适度运动。这不仅能促进身体健康，也会刺激脑啡（脑内一种天然类吗啡化学物质）的产生。近年科学研究指出，缓步跑的人所以感受到自然产生的"奔跑快感"，全是脑啡作用。

■ 控制情绪，远离冲动

冲动是失误的温床。一个人遇事冲动，不能很好地控制自己的情绪，就很容易犯下错误。

冲动会让人丧失理智和判断力，冲动往往会让一个人做出让自己后悔的举动。达尔文说过，人一旦发脾气，就等于在人类进步的阶梯上倒退了一步。一个人要时刻保持理智的头脑和清醒的判断，就应当改掉做事爱冲动的坏毛病。

在一次暴雨之后，有一堵围墙被雨冲倒了，一个穷人从倒了的墙里挖出了一坛金子，他一夜暴富。有了钱之后，这位穷人想让自己变得更聪明一些，于是，他就向一位老人诉苦，希望老人能指点迷津。

老人告诉他说："你有钱，别人有智慧，你为什么不用你的钱去买别人的智慧呢？"

于是他就来到了城里，见到一个智者，就问道："你能把你的智慧卖给我吗？"

智者答道："我的智慧很贵，一句话 100 两银子。"

那个穷人说："只要能买到智慧，多少钱我都愿意出！"

于是那个智者对他说道："遇到困难不要急着处理，向前走三步，然后再向后退三步，往返三次，你就能得到智慧了。"

"智慧这么简单吗？"那人听了将信将疑，生怕智者骗他的钱。

智者从他的眼中看出他的心思了，于是对他说："你先回去吧，如果觉得我的智慧不值这些钱，那你就不要来了，如果觉得值，就回来给我送钱！"

当夜回家，在昏暗中，他发现妻子居然和另外一个人睡在炕上，顿时怒从心生，拿起菜刀准备将那个人杀掉。突然，他想到白天买来的智慧，于是前进三步，后退三步，各三次，正走着呢，那个与妻同眠者惊醒过来，问道："儿啊，你在干什么呢？深更半夜的！"

穷人听出是自己的母亲，心里暗惊："若不是白天我买来的智慧，今天就错杀母亲了！"

第二天，他早早就给那个智者送银子去了。

我们在遇到不如意的事情时，常常会不分青红皂白地大发雷霆，很多悲剧都是由于一时冲动和鲁莽造成的。如果我们遇事能够保持冷静，等了解了事实真相后再做决定，那么很多悲剧就可以避免了。

■ 培养自制力的方法

我们要怎样才能培养过人的自制力呢？

1. 正确看待事物

对事物认识越正确、越深刻，自制能力就越强。比如，有的人遇到不称心的事，动辄发脾气，训斥谩骂，而有的人却能冷静对待，循循善诱，以理服人。为什么呢？古希腊数学家毕达哥拉斯说："愤怒以愚蠢开始，以后悔告终。"所以对自己的感情和言行失去控制，最根本的就是对这种粗暴作风的危害性缺乏深刻的认识，因而造成了不良影响。

2. 磨炼自己的意志力

自制需要强大的意志力。苏联教育家马卡连柯说过："坚强的意志——这不但是想什么就获得什么的本事，也是迫使自己在必要的时候放弃什么的本事……没有制动器就不可能有汽车，而没有克制也就不可能有任何意志。"因此，反过来也可以说，没有坚强的意志就没有自制能力，坚强的意志是自制能力的支柱。意志薄弱的人，就好像失灵的闸门，对自己的言行不可能起调节和控制作用。

3. 用毅力控制爱好

一个人下棋入了迷，打牌、看电视入了迷，都可能影响工作和学习。毅力，可以帮助你控制自己，果断地决定取舍；毅力，是自制能力果断性和坚持性的表现。列宁就是一个自制能力极强的人，他在自学大学课程时，为自己安排了严格的时间表：每天早饭后自学各门功课；午饭后学习马克思主义理论；晚饭后适当休息一下再读书。他过去最喜欢滑冰，但考虑到滑冰比较疲劳，使人想睡觉，影响学习，就果断地不滑了。他本来喜欢下棋，一下起来就入了迷，难分难舍，后来感到太费时间了，又毅然戒了棋。滑冰、下棋看来都是小事，是个人的一些爱好，但要控制这种爱好，没有毅然决然的果断性就办不到。常常遇到这样一些人，嘴上说要戒烟，但戒了没几天，就又开始抽了，什么原因呢？主要就是缺乏毅力。没有毅力，就没有果断性和坚持性，自制的效率就不高。可见，要具有强有力的自制能力，必须伴以顽强的毅力。

在我们的生活和成长过程中必然要接触各种各样的人，处理各种各样复杂的事，其中有顺心的，也有不顺心的，有顺利的，也有不顺利的，有成功的，也有失败的，如缺乏自制能力，放任不羁，势必搞坏关系，影响团结，挫伤积极性，甚至因小失大，铸成大错，后悔莫及。因此，我们必须要有较强的自制力，管理好自己，不让自己的言行出格，这就是自律对于我们的重要意义。

第 036 件事

提高时间的利用率

　　勤奋的人未必成功，其原因之一就是时间的利用率太低，有些人是盲目用时间，有效率没效果；有些人是热情很高，效率很低。

　　"效率"是工作量和投入资源的比率，对时间的有效管理直接关系到人做事效率的高低。有些职员整天在办公室忙忙碌碌，由于在对时间的管理上产生了偏差，于是造成工作效率的低下。他们不是忙得没有时间，而是没有管理好自己的时间。

■ 没有效率的勤勉没有意义

　　没有效率的勤勉没有什么意义，员工工作更要注重效率。

　　一位德国银行职员，在日本担任某银行东京分行行长共 8 年，习惯了日本银行职员经常工作到晚上很晚，下班后还在酒店继续商谈工作的方式。回国后，他继续按这种习惯工作，没想到，这种方式在德国竟已不适应。

　　有一天下午，这位前东京分行行长去一家机械厂商讨借款事宜，结果，公司里除门卫外，别无他人。他以为这天是这家公司的公休日，一打听并非如此，而是这家公司的人已经全部下班了。这使他大为吃惊，一看时间，当时才下午 4 点来钟。

　　日本和德国及其他欧美发达国家，发展水平相差无几，但在很长时期内，日本的实际劳动时间最长。1990 年，日本制造业、生产劳动者的实际劳动时间为 2124 小时，超过美国 171 小时、英国 176 小时、法国 441 小时。

早在 20 世纪 80 年代初，日本经济非常繁荣，全球一片"向日本学习"的呼声时，有位美国管理专家就指出："日本的企业人这般努力地劳动，并没有得到相对的成果；相反的，欧美的企业人，在更短的时间内、更集中精神、以更合理的做法，也可以发挥跟日本人一样的成果。由这点看来，日本式的勤勉实在是没有什么意义。"

我们的身边总不乏被时间逼得晕头转向的人，精明的人总能透过他们做事的内容和方法看出他们的本领，而无须探询他们忙得团团转的理由。因为，困难的工作不一定会使人显得很忙，而终日忙得晕头转向的人不一定是个能干的人。

人不应被动地被时间牵着鼻子走，而应主动地把握时间、规划时间、管理时间，让有限的时间发挥更大的效用。一个会管理时间的人，总能泰然自若地待人处世，将应处理的事、应完成的事在自己规定的时间内完成，非常有效率。相反，一个不会管理时间的人，无论如何不会实现高效率的工作，他生命中的许多时光处在一种浪费状态中，并随时可能会浪费他人的时间。学会管理自己的时间，在某种程度上可以说，也是为了更好地享受有限的人生。

■ 对时间做好预算和统筹

善于为时间立预算、做规划，是管理时间的重要战略，是时间运筹的第一步。利用好时间是非常重要的，一天的时间如果不好好规划一下，就会白白浪费掉，就会消失得无影无踪，我们就会一无所成。事实证明，成功与失败的界限在于怎样分配时间、怎样安排时间。

你也许会对社会上那些著名的企业家、科学家、政治家感到怀疑，他们每天都有那么多事情要处理，却还能将自己的时间安排得有条不紊，不但能够阅读自己喜欢的书籍，进行休闲娱乐，并且还有时间带全家出国旅游，难道他们的一天不是 24 小时吗？正确的答案是：他们比别人更善于规划时间。

"我做的每一件事都经过精心规划，否则我不可能完成任何事。"拥有近 20 家分公司的陈老板说。陈老板成功地运用了许多重要的技巧和方法而攀上顶峰，其中很重要的一门技巧就是：充分利用时间。

陈老板认为，要懂得时间的价值。他建议："定期安排会议，同时限定会议时间的长度，务必不浪费每一分钟。同时我凡事都事先预约，而且我认为每个人都会准时。"

陈老板认为，要控制好时间，以一种精打细算、有效率的方式利用你所拥有的时间。陈老板提醒大家："谨记好好掌握每一件事，意思就是好好掌握时间。"

陈老板说："排定优先次序可以帮助你确定你已将最重要的事放在最优先的位置上。"陈老板建议：逐一检查你的工作，列出什么该在本星期之初就去做，什么可以留待稍后再做，列出什么应该一大早就做，什么可以晚点再处理。

陈老板认为，授权要慎重。让自己专心去做主要负责的事务，把其他工作交给助手去做。陈老板说："你想插手的事情愈多，你浪费的时间就愈多。授权是对的，但还要确定你跟我一样，把工作分派给最佳人选。这么做就等于多了好几倍的你。"

最后，陈老板强调：不可拖拖拉拉。他说："我为自己定下了一个规定，在我下班离开之前一定把工作做完。"拖延是偷时间的贼，所以今天该做的事绝不要延到明天才做。西方有一句谚语："省下一分钱就等于赚到一分钱。"我们也可以这么说："省下一分钟就等于赚到一分钟。"

"凡事预则立，不预则废。"如果我们能够制定出一个高明的进度表，并且能够真正地掌握时间，就一定能在有限的时间内做好要做的事。正如一位成功的职场人士说："你应该在一天中最有效的时间之前定一个完整的计划，仅仅十几分钟就能节省 1 个小时的工作时间，牢记一些必须做的事情。"

■ 让你的时间超值

时间是由分秒积成的，用"分"计算时间的人，比用"时"来计算时间的人，时间要多 59 倍，所以善于利用零星时间的人，总会做出更大的成绩。谁善于利用时间，谁的时间就会成为"超值时间"。作为一名员工，当你能够高效率地利用时间的时候，你对时间就会获得全新的认识，知道一秒钟的价值，算出一分钟时间究竟能做多少事情。这时，若再担心不被老板欣赏，就是杞人忧天了。

爱因斯坦曾组织过享有盛名的"奥林比亚科学院"，每晚例会，他总是愿意同与会者手捧茶杯，开怀畅饮，边喝茶，边谈话。爱因斯坦就是利用这种闲暇时间，交流思想，把这些看似更平常的时间利用起来。后来他的某些理想主张、他的各种科学创见，在很大程度上产生于这种饮茶之余的时间里。

爱因斯坦并没有因为这是闲暇时间而休息，而是在休闲时工作，在工作中休闲饮茶，这是很好地结合。现在，茶杯和茶壶已渐渐地成为英国剑桥大学的一项"独特设备"，以纪念爱因斯坦的利用闲暇时间的创举，鼓励科学家利用空闲时间，创造更大的成就，在饮茶时沟通学术思想、交流科学成果。这种"闲不住"的人，可以在闲暇时间里积极开创自己的"第二职业"。

时间就是生命，善用时间就是善待生命，人提高时间的利用质量，也会相应地提高人生的价值。所以，提高效率，让时间发挥它应有的作用吧！

第 037 件事

学会取舍，生命之舟不可超载

人生在世，有许多东西是需要不断放弃的。在仕途中，放弃对权力的追逐，随遇而安，得到的是宁静与淡泊；在淘金的过程中，放弃对金钱无止境的掠夺，得到的是安心和快乐；在春风得意、身边美女如云时，放弃对美色的占有，得到的是家庭的温馨和美满。

苦苦地挽留夕阳，是愚人；久久地感伤春光，是蠢人。什么也不放弃的人，往往会失去更珍贵的东西。

放弃是一种境界，大弃大得，小弃小得。

■ "得"与"失"总是形影不离

俗话说："万事有得必有失。"得与失就像小舟的两支桨、马车的两个轮，相辅相成。失去春天的葱绿，却能收获丰硕的金秋；失去阳光的灿烂，却能收获小雨的缠绵……佛家讲："舍得，舍得，有舍才有得。"失去是一种痛苦，但也是一种幸福。

国王有 5 个女儿，这 5 位美丽的公主是国王的骄傲。她们那一头乌黑亮丽的长发远近皆知，所以国王送给她们每人 10 个漂亮的发夹。

有一天早上，大公主醒来，一如往常地用发夹整理她的秀发，却发现少了一个发夹，于是她偷偷地到二公主的房里，拿走了一个发夹。

当二公主发现自己少了一个发夹，便到三公主房里拿走一个发夹；三公主发现少了一个发夹，也如法炮制地拿走四公主的一个发夹；四公主只好拿走五公主的发夹。

于是，最小的公主的发夹只剩下 9 个。

隔天，邻国英俊的王子忽然来到皇宫，他对国王说："昨天我养的百灵鸟叼回一个发夹，我想这一定是属于公主们的，而这也真是一种奇妙的缘分，不知道百灵鸟叼回的是哪位公主的发夹？"

公主们听到了这件事，都在心里说：是我掉的，是我掉的。可是头上明明完整地别着 10 个发夹，所以都懊恼得很，却说不出口。

只有小公主走出来说："我掉了一个发夹。"话才说完，一头漂亮的长发因为少了一个发夹，全部披散下来，王子不由得看呆了。

故事的结局，当然是王子与公主从此一起过着幸福快乐的日子。

这个故事告诉我们：如果你不可能什么都得到，那么你应该学会舍弃。生活有时会逼迫你不得不交出权力，不得不放走机遇，甚至不得不抛下爱情。然而，舍弃，并不意味着失去，因为只有舍弃才会有另一种获得。

要想采一束清新的山花，就得舍弃城市的舒适；要想做一名登山健将，就得舍弃娇嫩白净的肤色；要想穿越沙漠，就得舍弃咖啡和可乐；要想获得掌声，就得舍弃眼前的虚荣。梅、菊放弃安逸和舒适，才能得到笑傲霜雪的艳丽；大地舍弃绚丽斑斓的黄昏，才会迎来旭日东升的曙光；春天舍弃芳香四溢的花朵，才能走进硕果累累的金秋；船舶舍弃安全的港湾，才能在深海中收获满船鱼虾。

■ 生命之舟不可超载

人生要学会放弃，并敢于放弃一些东西，因为，生命之舟不可超载。

"水往低处流是为了积水成渊，降落是为了新的起飞，所以我喜欢一次次将自己打入谷底。"这是北京小王府饭店老板王勇在一次接受媒体采访时的一段经典语录。他的职业生涯确实也证明了他的"放弃"与"再次起飞"哲学的正确。请看他的自述。

"我是 1987 年从大学毕业的，学的是外贸英语专业。我被分配到一家大型国有企业，那是一份很安逸、令很多人羡慕的工作。可是没多久，我就很苦恼。那是一成不变的日子，这样的日子让我感到很压抑，我不甘心自己的热情被一点点地吞噬。

"苦恼归苦恼，但是真要做出抉择还是要下很大决心的。因为生活在体制中，它会给人一种安全感，虽然这种安全感是要付出代价的。

"在犹豫不决中过了 3 年后，我终于下决心离开，因为如果再耗下去，我可能就会失去离开的决心和重新开始的信心。"

这在当时来讲，无疑是疯狂而没有理智的表现。因为王勇的辞职无异于自己将自己打到了最底层：一个没有单位，没有固定工资，没有任何社会保障的境地。

不久，他去了一家在北京的英国公司。上班的第一天，公司负责人将王勇喊到他的办公室，将两盒印有他名字的名片和一张飞机票交给他说："公司派你去上海开辟市场，你明天就走。"

他一下就蒙了，没想到刚上班，就给了他这么一个艰巨的任务，而且公司头儿说："你什么时候把上海市场打开了，什么时候回来。"这其实是给他下了军令状，他没有退路了。人就是这样，当知道自己没有退路时，反而会激发出连自己都难以相信的能量。在上海的那两年，是很辛苦的两年。

从上海回来后，王勇又跳槽去了一家生产航空发动机的美国公司，做高级业务代表。

生活中并没有绝对的对与错，所谓的对与错很大程度取决于你的价值取向。我们必须在纷繁琐碎中学会搜索与选择，如果我们不喜欢某个选择或结果，就应该立刻摒弃，重新进行新一轮的选择并获得新的结果。

一艘超载的轮船是无法安全到达彼岸的。一个人的时间和精力有限，必须懂得放弃，才能得到自己最想要的东西。

■ 播种"舍弃"的种子，收获"得到"的果实

人生有得就有失，得就是失，失就是得，所以人的最高境界，应该是无得无失。但是人们都是患得患失，未得患得，既得患失。明智的做法是要学会放弃。放弃是一种境界，大弃大得，小弃小得，不弃不得。

第二次世界大战的硝烟刚刚散尽时，以美英法为首的战胜国首脑们几经磋商，决定在美国纽约成立一个协调处理世界事务的联合国。一切准备就绪之后，大家才蓦然发现，这个全球至高无上、最权威的世界性组织，竟没有自己的立足之地。

想买一块地皮，刚刚成立的联合国机构还身无分文；让世界各国筹资，牌子刚刚挂起，就要向世界各国搞经济摊派，负面影响太大。况且刚刚经历了第二次世界大战的浩劫，各国政府都财库空虚，许多国家财政赤字居高不下，要在寸土寸金的纽约筹资买下一块地皮，并不是一件容易的事情。联合国对此一筹莫展。

听到这一消息后，美国著名的家族财团洛克菲勒家族经商议，果断出资870万美元，在纽约买下一块地皮，将这块地皮无条件地赠予了这个刚刚挂牌的国际性组织——联合国。同时，洛克菲勒家族亦将毗连这块地皮的大面积地皮全部买下。

对洛克菲勒家族的这一出人意料之举，当时许多美国大财团都吃惊不已。870万美元，对于战后经济萎靡的美国和全世界，都是一笔不小的数目，而洛克菲勒家族却将它拱手赠出，并且什么条件也没有。这条消息传出后，美国许多财团主和地产商纷纷嘲笑说："这简直是蠢人之举！"并纷纷断言："这样经营不出10年，著名的洛克菲勒家族财团，便会沦落为著名的洛克菲勒家族贫民集团！"

但出人意料的是，联合国大楼刚刚建成完工，毗邻地价便立刻飙升起来，相当于捐赠款数十倍、近百倍的巨额财富源源不尽地涌进了洛克菲勒家族财团。这种结局，令那些曾经讥讽和嘲笑过洛克菲勒家族捐赠之举的财团和商人们目瞪口呆。

这是典型的"因舍而得"的例子。如果洛克菲勒家族没有做出"舍"的举动，勇于牺牲和放弃眼前的利益，就不可能有"得"的结果。放弃和得到永远是辩证统一的。然而，现实中许多人却执着于"得"，常常忘记了"舍"。要知道，什么都想得到的人，最终可能会为物所累，导致一无所获。

其实，人生要有所得必要有所失，只有学会舍弃，才有可能登上人生的高峰。

你之所以举步维艰，是你负担太重；你之所以背负太重，是你还不会放弃。你放弃了烦恼，便与快乐结缘；你放弃了利益，便步入超然的境地。

第 038 件事

做事情不可忽视小细节

所谓"一树一菩提，一沙一世界"，生活的一切原本都是由细节构成的，如果一切归于有序，那么决定失败的必将是微若沙粒的细节。正如柏拉图所说："如果没有小石头，大石头也不会稳稳当当地矗立着。"在人生的沉浮中，有时决定我们是立于顶峰还是匍匐于平原的往往就是细节，只有那些认真书写细节的人，才会在人生的白纸上留下一篇篇优美的文章。

■ 关注细节，改变命运

华佗是我国古代著名的医学家。他医术高超，不仅因为他自小聪明，更重要的是他能够细心学习，刻苦钻研。

东汉末年的时候，战争频繁，民不聊生，又碰上瘟疫流行，百姓死伤无数。华佗住的整个村子的人都被瘟疫感染，可是没有一个医生能够医治，小华佗被父母送到山上才免于被感染，但是他的父母却失去了生命。看着自己的父母被瘟疫夺去生命，华佗非常伤心。他痛恨那些官僚没有一个来关心民生疾苦，也很气恼没有一个医生能治好那些得瘟疫的人。因此，他立志要做一名好医生，为天下的贫苦百姓治病。

华佗7岁那年，听说有一个姓蔡的名医医术非常高超，他决定前去拜师。他背起行囊，昼夜兼程，找到蔡医生。但是，蔡医生收徒很严格，不仅要有学医的志向，还要人聪慧。因此，他每次都会出一些题考那些来拜师的人。

华佗先在蔡大夫的村里住了几天，等拜师的人多了，便一起前去参加蔡大夫的面试。那天，蔡大夫指着门前的一棵大树说："你们要拜师的话，先把树顶上的叶子取下来。不能用梯子，也不能爬树。"

那些来拜师的人听后，有的面面相觑，有的来回走动，还有的唉声叹气。只有华佗一人围着那棵树仔细观察。蔡大夫见华佗如此与众不同，走过去问道："小兄弟，你想到什么办法了吗？"

华佗也不回答，只是在那里看着。突然他一拍脑门，叫了起来："有了！"他向蔡大夫要来一根绳子，接着在墙角找了两块石头绑在绳子两端，抓住绳子的一端朝树顶的枝条猛抛上去，接着把绳子一放，树顶的枝叶就飞了下来。

蔡大夫见了，高兴地称赞："好办法！"问明华佗学医的原因后，蔡大夫欣然收了这个徒弟。

蔡大夫收华佗为徒后，并没有立即教他医术，而是让他每天早上打扫院子，上午把草药碾成碎末，下午煎制药汤，一碗一碗给病人送去，一直忙到半夜才能入睡。别的徒弟都抱怨师傅不教他们医术只让他们干活，但华佗从来不抱怨，而是每天认真观察，从中学习。

过了两个月，蔡大夫把华佗叫进屋子，问他："华佗，你来这里多久了？"

华佗恭敬地回答："师父，徒儿来这里已经两个月了。"

蔡大夫又问："那你这两个月学到什么了？"

华佗说："虽然师父没有直接教我医术，但我每碾一次药，我都看这些药是什么，尝尝它们是什么味道，分辨药方是怎么搭配的。每次送药给病人，我也会观察这些病人的症状，分析什么程度的症状要吃多重的药。还会问他们的感觉，吃了药后有没有好转。"

蔡大夫听了大喜："嗯，真是细心的孩子。看来你真是个可造之才。从明天开始，你跟我一起出诊吧。"

从此，华佗一面帮师傅做一些基本工作，比如称药、送药，一面跟着师傅出诊。每次出诊他都认认真真地记录师傅的诊断过程，细心地观察病人的症状，分析师傅所开的药方、药量。

对那些需跟踪治疗的病人，华佗的观察更是仔细。不仅观察他们病情的变化，还看蔡大夫所开药方的变化。蔡大夫见华佗如此细心认真，勤奋好学，更加喜爱他了，他把自己所藏的医书全拿出来给华佗看，华佗一看有这么多医书，兴奋得心都快跳出来了。有了这些医书，华佗如鱼得水，白天他跟随师傅看病出诊，晚上就抱着医书认真研读。理论和实践相结合，他的医术突飞猛进。但是他并不满足，仍不断学习，亲自采药，细致地试验药性。

仔细、好学、坚持，终于造就了一代神医——华佗。

无论在生活中还是工作中，我们如果做事情不细致，没有精益求精的态度，那么势必会把事情做得糟糕。关注细节要从点滴小事做起，唯有如此，方能将事情做得尽善尽美。

■ 用心观察，造就细致精神

一个人做事情的细致精神，可以从生活中的小事一点一滴的培养。用心观察、领悟，我们就能从细节中领会到魅力。

古人说："不积跬步无以至千里，不积小流无以成江河。"

成大业若烹小鲜，做大事必重细节。无论做什么事情，千万不可忽视细节的存在，否则就有可能付出极其惨重的代价。其实，细节是一种创造，也是一种征兆，从中可以看出一个人的命运去向和事情的成败。

美国福特公司名扬天下，不仅使美国汽车产业在世界独占鳌头，而且改变了整个美国的国民经济状况，谁又能想到该奇迹的创造者之一艾柯卡当初进公司的"敲门砖"竟是"捡废纸"这个简单的动作？

那时候，艾柯卡刚从大学毕业，他到福特汽车公司应聘，一同应聘的几个人学历都比他高，条件比他优秀，在其他人面试时，艾柯卡感到没有希望了，感觉有点沮丧。当他敲门走进董事长办公室时，发现门口地上有一张纸，很自然地弯腰捡了起来，看了看，原来是一张废纸，就顺手把它扔进垃圾篓。董事长把这一切看在眼里。艾柯卡刚说了一句话："你好，我是来应聘的艾柯卡。"董事长就发出了邀请："艾柯卡先生，你已经被我们录用了。"

这个让艾柯卡感到惊异的决定，实际上源于他那个不经意的动作。从此以后，艾柯卡开始了他的辉煌之路，重新振兴了福特汽车，而艾柯卡的名声也开始响遍全世界。

从一个人身上的一个小缺点可以看出这个人性格中的缺陷，这话并不假。因为一个人的行为总是受他的思想、性格指引，无意之中的一个举动最能暴露一个人性格中最真实的一面，所以了解一个人最好从他生活中的小事开始。

　　伟大的物理学家爱因斯坦认为：凡在小事上也很轻率的人，那么他一定不是一个在大事上值得我们信赖的人。

第 039 件事

控制自己不合理的欲望

合理、有度的欲望本是人奋发向上、努力进取的动力，但倘若欲望变质了我们就容易上当、受骗。常闻某些骗子用易拉罐中大奖之类的三流手段行骗，却往往得逞。除了替上当者可惜，也深感气愤。

我们的欲望一旦转变为贪欲，那么在遇到诱惑时就会失去理性。有一些本来在社会上很有地位的人，但为了满足自己不合理的欲望，"利令智昏"，于是行贿、受贿大行其道，其结果可想而知，把自己的身家性命都搭进去了。

■ 抵住诱惑

一个顾客走进一家汽车维修店，自称是某运输公司的汽车司机。他对店主说："在我的账单上多写点零件，我回公司报销后，有你一份好处。"但店主拒绝了这样的要求。

顾客继续纠缠道："我的生意很大，我会常来的，这样做你肯定能赚很多钱！"店主告诉他，无论如何也不会这样做。顾客气急败坏地嚷道："谁都会这么干的，我看你真的是太傻了。"

店主火了，指着那个顾客说："你给我马上离开，请你到别处谈这种生意。"

谁知这时顾客竟露出微笑并紧紧握住店主的手说："我就是这家运输公司的老板，我一直在寻找一个固定的、信得过的维修店，我终于找到了，你还让我到哪里去谈这笔生意呢？"

面对诱惑不动心，不为其所惑。虽平淡如行云，质朴如流水，却让人领略到一种山高海深，让人感觉到一份放心。这样的人也是真正懂得如何生存的人。

荀子说："人生而有欲。"人生而有欲望并不等于欲望可以无度。理学家程颐说："一念之欲不能制，而祸流于滔天。"古往今来，因不能节制欲望，不能抗拒金钱、权力、美色的诱惑而身败名裂，甚至招至杀身之祸的人不胜枚举。

诱惑能使人失去自我，这个世界有太多的诱惑，一不小心往往就会掉入陷阱。找到自我，固守做人的原则，守住心灵的防线，不被诱惑，你才能生活得安逸、自在。

■ 远离贪欲

1856 年，亚历山大商场发生了一起盗窃案，共失窃 8 只金表，损失 16 万美元，在当时，这是相当庞大的数目。

就在案子尚未侦破前，有个纽约商人到此地批货，随身携带了 4 万美元现金。当他到达下榻的酒店后，先办理了贵重物品的保存手续，接着将钱存进了酒店的保险柜中，随即出门去吃早餐。

在咖啡厅里，他听见邻桌的人在谈论前阵子的金表失窃案，因为是一般社会新闻，这个商人并不当一回事。

中午吃饭时，他又听见邻桌的人谈及此事，他们还说有人用 1 万美元买了两只金表，转手后即净赚 3 万美元，其他人纷纷投以羡慕的眼光说："如果让我遇上，不知道该有多好！"

然而，商人听到后，却怀疑地想："哪有这么好的事？"

到了晚餐时间，金表的话题居然再次在他耳边响起，等到他吃完饭，回到房间后，忽然接到一个神秘的电话："你对金表有兴趣吗？老实跟你说，我知道你是做大买卖的商人，这些金表在本地并不好脱手，如果你有兴趣，我们可以商量看看，品质方面，你可以到附近的珠宝店鉴定，如何？"

商人听到后，不禁怦然心动，他想这笔生意可获取的利润比一般生意优厚许多，便答应与对方会面详谈，结果以 4 万美元买下了传说中被盗的 8 只金表中的 3 只。

但是第二天，他拿起金表仔细观看后，却觉得有些不对劲，于是他将金表带到熟人那里鉴定，没想到鉴定的结果是，这些金表居然都是假货，全部只值几千美元而已。直到这帮骗子落网后，商人才明白，从他一进酒店存钱，这帮骗子就盯上了他，而他听到的金表话题也是他们故意安排设计的。

骗子的计划是，如果第一天商人没有上当，接下来他们还会有许多花招准备诱骗他，直到他掏出钱为止。

贪婪自私的人往往目光如豆，所以他们只瞧见眼前的利益，看不见身边隐藏的危机，也看不见自己生活的方向。贪欲越多的人，往往生活在日益加剧的痛苦中，一旦欲望无法获得满足，他们便会失去正确的人生目标，陷入对蝇头小利的追逐。

贪婪者往往自掘坟墓而不自知。

■ 规避人生的几个陷阱

有一座泥像立在路边，历经风吹雨打。它多么想找个地方避避风雨，然而它却无法动弹，也无法呼喊，它太羡慕人类了，它觉得做一个人，可以无忧无虑、自由自在地到处奔跑。它决定抓住一切机会，向人类呼救。

有一天，智者圣约翰路过此地，泥像用它的神情向圣约翰发出呼救。

"智者，请让我变成人吧！"圣约翰看了看泥像，微微笑了笑，然后衣袖一挥，泥像立刻变成了一个活生生的青年。

"你要想变成人可以，但是你必须先跟我试走一下人生之路，假如你受不了人生的痛苦，我马上可以把你还原。"智者圣约翰说。

于是，青年跟智者圣约翰来到一个悬崖边。

"现在，请你从此崖走向彼崖吧！"圣约翰长袖一拂，已经将青年推上了铁索桥。

青年战战兢兢，踩着一个个大小不同的链环的边缘前行，然而一不小心，一下子跌进了一个链环之中，顿时，两腿悬空，胸部被链环卡得紧紧的，几乎透不过气来。

"啊！好痛苦呀！快救命呀！"青年挥动双臂大声呼救。

"请君自救吧。在这条路上，能够救你的，只有你自己。"圣约翰在前方微笑着说。

青年扭动身躯，奋力挣扎，好不容易才从这痛苦之环中挣扎出来。

"你是什么链环，为何卡得我如此痛苦？"青年愤然道。

"我是名利之环。"脚下铁链答道。

青年继续朝前走。忽然，隐约间，一个绝色美女朝青年嫣然一笑，然后飘然而去，不见踪影。

青年稍一走神，脚下又一滑，又跌入一个环中，被链环死死卡住。

可是四周一片寂静，没有一个人回应，没有一个人来救他。

这时，圣约翰再次在前方出现，他微笑着缓缓道："在这条路上，没有人可以救你，只有你自己自救。"

青年拼尽力气，总算从这个环中挣扎了出来，然而他已累得精疲力竭，便坐在两个链环间小憩。

"刚才这是个什么痛苦之环呢？"青年问。

"我是美色链环。"脚下的链环答道。

经过一阵轻松的休息后，青年顿觉神清气爽，心中充满幸福愉快的感觉，他为自己终于从链环中挣扎出来而庆幸。

青年继续向前走，然而没想到他又接连掉进了欲望链环、嫉妒链环……待他从这一个个痛苦之环中挣扎出来，青年已经完全疲惫不堪了。抬头望望，前面还有漫长的一段路，他再也没有勇气走下去。

"智者！我不想再走了，你还是带我回原来的地方吧！"青年呼唤着。

智者圣约翰出现了，他长袖一挥，青年便回到了路边。

"人生虽然有许多痛苦，但也有战胜痛苦之后的欢乐和轻松，你难道真愿意放弃人生么？"

"人生之路痛苦太多，欢乐和愉快太短暂、太少了，我决定放弃做人，还原为泥像。"青年毫不犹豫地说。

智者圣约翰长袖一挥，青年又还原为一尊泥像。

"我从此再也不用受人世的痛苦了。"泥像想。

然而不久，泥像被一场大雨冲成一堆烂泥。

人的一生门槛很多，稍不留神我们就会栽在其中一道坎上。对于绝大多数人，或许最重要的则是迈过金钱、权力与美色 3 道坎。

第 040 件事

学会平衡你的生活与工作

时下随着社会竞争的日趋激烈，每个人几乎都把精力放在了奋斗事业上。紧绷的心弦一刻也不敢放松，仿佛一松开就要被人比下去，为社会所抛弃。在这种精力一边倒的情况下，极容易滋生出各种矛盾，有时甚至会引发身体健康问题。因此，平衡好自己的生活与工作不失为一种艺术。

■ 工作有度，掌握平衡

凡事过"度"了，就失去了平衡，达不到理想的效果，工作就是如此。

我们该接受现状，还是该把现状改变成我们喜欢的样子？答案：平衡。我们该增加我们所有，还是减少我们想要的？答案：平衡。我们该努力获取更多我们想要的，还是该放慢脚步，多享受一下我们已有的？答案：平衡。

人生一切两难式的困境皆应作如是观。这不是哪边对、哪边错的问题。平衡的益处就在这儿——面面权衡，选择最适合当前情况的方向。

平衡是个人的事。对某人是平衡，在另一人可能是无聊，而在另一人可能是极为华丽的东西。

对了解与获得快乐，平衡是个无比重要的观念。

数年前，美国 IMG 公司聘用了一位精力充沛的女业务员，负责在高尔夫球场及网球场上的新人当中发掘明日之星。美国西岸有位网球选手特别受她赏识，她决定招揽对方加盟 IMG 公司。从此，纵使每天在纽约的办公室忙上

12 小时,她依然不忘时时打电话到加州,关心这个选手受训的情形。他到欧洲比赛时,她也会趁着出差之际抽空去探望探望,为他打理打理。有好几次,她居然连续 3 天都未合眼,忙着飞来飞去,追踪这个选手的进步状况,虽然手边还有一大堆积压已久的报告。可悲的事终于在法国公开赛上发生了。照原订日程,这位女业务代表不必出席这项比赛,但是她说服主管,为了维持与那位年轻选手的关系,她要求到场。主管勉强应允,但要求她得在出发前把一些紧急公务处理完毕,结果她又几个晚上没合眼。

最后,她终于登上了飞往巴黎的飞机,但时差及重大赛事产生的压力感也随之而来,这位非常积极能干的女士到最后已是大脑空空。抵达巴黎当天,在一个为选手、新闻界与特别来宾举行的宴会上,她依旧盯着那位美国选手,并且时时为他引见一些要人。当时是瑞典名将柏格独领风骚的年代,他刚好又是 IMG 公司的客户,也是那位年轻选手的偶像,自然她就介绍了他俩认识,然而,令人难堪的事却发生了。柏格正在房间与一些欧洲体育记者闲聊,她与年轻选手迎上前去。

对方望向这边时,她说:"柏格,容我介绍这位……"天哪!她居然忘了自己最得意的这位球员的姓名!她实在是精疲力竭,过度疲劳使她大脑刹那间一片空白。好在柏格有风度,尽力设法打圆场,解决了尴尬场面,可是这位年轻选手却面红耳赤、张口结舌,心中更是难过得不得了,从此他再也不相信 IMG 的业务代表是真心对他了。

可悲的是,她一片苦心,却由于疲劳过度这单纯的因素而造成无可挽回的失误。她发掘的这位选手后来果真打入世界排名前十名,却从此再也不是 IMG 公司的客户了。

可见,牺牲正常的休息时间去工作的人往往无法真正地做好工作,在生活和工作之间保持平衡,才是明智的做法。

■ 要会工作,更要会休息

有一个探险家,到南美的丛林中,找寻古印加帝国文明的遗迹。他雇用了当地人作为向导及挑夫,一行人浩浩荡荡地朝着丛林的深处走去。

那群土著的脚力过人,尽管他们背负笨重行李,仍是健步如飞,在整个队伍的行进过程中,总是探险家先喊着需要休息,让所有土著人停下来等候他。

探险家虽然体力跟不上,但希望能够早一点到达目的地,一偿平生的夙愿，好好地来研究一下古印加帝国文明的奥秘。

到了第四天，探险家一早醒来，便立即催促着打点行李，准备上路。不料领导土著的翻译人员却拒绝行动，令探险家恼怒不已。经过详细的沟通，探险家终于了解，这群土著自古以来便流传着一项神秘的习俗，在赶路时，皆会竭尽所能地拼命向前冲，但每走上三天，便需要休息一天。

探险家对于这个习俗好奇不已，询问翻译的向导，为什么在他们的部族中，会留下这么耐人寻味的休息方式。向导很庄严地回答探险家的问题，他说："那是为了让我们的灵魂，能够追得上我们赶了3天路的疲惫身体。"

探险家听了向导的解释，心中若有所悟，沉思了许久，终于展颜微笑，心中深深地认为，这是他这一趟探险当中，最好的收获。

洛克菲勒认为要平衡好工作与生活的关系，首先应该处理好管理的优先次序问题。他是这样说的，我们首先要谈谈所谓的"工作与生活的平衡"究竟指的是什么。它涵盖了我们所有人应该如何管理生活、支配时间的问题——关于优先次序和价值观的问题。基本上，这个平衡是关于"我们应该把多少精力消耗在工作上"的讨论。

工作与生活的平衡是一个交易——你和自己之间就所得和所失进行的交易。平衡意味着选择和取舍，并承担相应的后果。让我们站到你的老板的视角上，换个位置对工作与生活的平衡问题做些思考。

（1）你的老板最关心的事情是竞争力。当然他也希望你能快乐，但那只是因为你的快乐能够帮助他的公司赢利。实际上，如果他的工作做得好，他就可以让你的工作变得很有吸引力，使你的个人生活显得不那么拖后腿。

老板给你付工资的原因，是因为他们希望你贡献所有的一切——包括你的头脑、体力、活力和献身精神。

（2）绝大多数老板都非常愿意协调员工的工作与生活的矛盾，如果你能给他出色的业绩。这里的关键词是"如果"。

实际上，我们倒愿意通过一个老式的积分系统来处理工作与生活的平衡问题。那些有突出业绩的人可以获得"积分"，用以交换自己工作的弹性。

（3）老板们很清楚，公司手册上面关于工作、生活平衡的政策主要是为了招聘的需要，而真正的平衡是由一对一的谈判决定的，其背景是一个相互支持性的企业文化，而不要总是强调"但是公司说过……"

公司手册是件华丽的宣传品，有醒目的照片、多项终生福利的介绍，也包括倒班或工作弹性等。然而许多聪明人很快就明白，手册上所列举的"工作与生活的平衡规划"主要是面向新人的招聘工具。

真实的平衡安排是在老板与员工之间就具体问题进行单独谈判得到的，使用的方法正好是我们刚介绍过的业绩与弹性交换的制度。

（4）那些公开为工作与生活的矛盾问题而斗争、动辄要求公司提供帮助的人会被当作动摇不定、摆资格、不愿意承担义务或者无能的人，或者以上全部。因此，那些消极抱怨的人最后总免不了被边缘化的命运。

所以，在你第五次开口，要求公司减少你的出差，要求在星期四上午请假，或者希望回家去照顾小孩之前，你应该知道自己是在发表一项声明。而且不管你用什么辞令，你的请求在别人听来都似乎是，"我对这里的工作并不真的感兴趣"。

不过，在此期间，你也可以并且应该学会帮助自己。有关工作与生活的话题已经讨论了相当长的时间了，也有不少好的经验被总结出来。那些非常老练的老板们都知道这些技巧，很多人自己已经开始采纳，他们也希望你能借鉴。

通过上面的一段话，我们知道有的平衡工作和生活是一个人取得事业上成功的关键因素，也是很多企业在招聘员工时的重要参照标准。一个能够出色处理工作与生活平衡的人既不会像工作狂那样拼命地忠于工作，不顾生活，也不会像一个碌碌无为、毫无事业心整日混日子的小职员那样打发时光。他应是一个高效工作、精力充沛、富于生活情趣的人。

第 041 件事

保持你探索未知世界的好奇心

"为什么花儿会有不同的颜色？"

"为什么其他的鸟会飞，而鸵鸟不会？"

……

回忆一下，诸如此类的问题你从什么时候开始不再好奇了？当你从孩子成长为大人，你收获了成熟，却可能同时丧失了好奇心，从而对世界上的所有事物都感到习以为常，这并不是一个好的现象。

著名教育家陶行知先生曾碰到这样一件事。一位母亲对他抱怨说，她的儿子非常淘气，把一块贵重金表给拆坏了，她把儿子打了一顿。陶行知先生当即说："可惜呀，中国的爱迪生让你给枪毙了。"陶行知先生的这番话道出了好奇心的可贵，它可以直接影响一个人创造性的形成。

对于未知世界保持好奇心，是人类不断取得进步和发展的前提之一。

■ 好奇心是学习的最佳动力

好奇心是学习的最佳动力。在我们小时候，由于对太多事情感到好奇，所以学到了各种各样的东西。而当我们成年后，或是因为自认为无所不知，或是怕别人嘲笑，我们把好奇心渐渐地扼杀了，也因此待在一个地方停滞不前了。

著名教育家陈鹤琴曾说过："好奇心是小孩子得到知识一个最重要的途径。"

强烈的好奇心能使人产生学习的兴趣。人只有对学习产生了兴趣，才能从学习中体验到快乐，才会热爱学习并主动学习。

> 诺贝尔物理学奖得主、美国加州理工学院物理系教授查德·费曼，天生好奇，自称为"科学顽童"。他十一二岁就在家里设立了自己的实验室。在那里自己做马达、光电管这些小玩意儿，还用显微镜观察各种有趣的动植物。当他到普林斯顿大学念研究生的时候，仍然保持着这样的好奇心。
>
> 他还在其著作《别闹了，费曼先生》一书中讲述了自己在念研究生时发生的一件事。为了弄清蚂蚁是怎样找到食物，又如何互相通报食物在哪里的，他着手做了一系列实验，如放些糖在某个地方，看蚂蚁需要多少时间才能找到，找到之后又如何让同伴知晓；用彩色笔跟踪画出蚂蚁爬行的路线，看究竟是直的还是弯的。正是这些实验使他知道蚂蚁是嗅着同伴的气味回家的。

由此可见，费曼先生在物理学领域取得的巨大成就与他强烈的好奇心不无关系。如果我们想要一直保持浓厚的学习兴趣就应该保持自己的好奇心，鼓励自己在探索未知世界的过程中获取知识。

■ 好奇心中埋藏着发明创造的种子

不要忽略平日里的一些奇思怪想，这中间往往蕴藏着不可预测的潜能。有学者在研究北大、清华学生的学习动力时，发现所有的动力原型都是对知识的新鲜感，即好奇心，好奇心是人获得智慧的关键。

好奇心是人的天性，也是人类敢于探索新知、敢于创新的动力。

150 年前，一个满脸稚气才 5 岁的男孩坐在鸡窝里，一分钟，两分钟……额头已经冒出了细微的汗珠，可他仍旧一动不动，因为他想知道，为什么他家的母鸡能孵出小鸡而他却不能？小男孩就是后来成为全世界最伟大的发明家爱迪生。可有谁想到爱迪生上学才 3 个月就被老师赶出了校门，原因是他太笨了。

无独有偶，若干年后，一个身材并不高大的老人站在一座喷泉前，仔细地观察落下的水幕，他神情专注地从水幕的这边瞧到那边，然后摊开双手，以极快的速度上下摆动。突然，连成一片的水帘似乎变成一个个小小的水珠，几分钟过去了，他仍在默默地摆着他的手指，忘情地演示着物理学上被称之为"滤波作用"的现象。周围围满了看热闹的人，他却视而不见。他就是被称为"科学之父"的爱因斯坦。

两位科学家的发明都源于他们的好奇心。

每个人从出生起就迫切地想要了解和探索自己身边的这个世界。年龄越小的人越爱问为什么，他们拥有可贵的好奇心，正是这种可贵的品质造就了人类科学史上那些伟大的科学家、探险家。精心呵护自己的好奇心是每一个人的责任。

■ 用新生儿的眼光看世界

在 20 世纪最畅销的哲学入门书《苏菲的世界》中，苏菲的数学老师在他的函授课程里写过这样一段话：婴儿有好奇心，这并不令人意外。在娘胎里短短几个月后，他们便掉进一个崭新的世界。不过当他们慢慢成长时，这种好奇心似乎也在逐渐减少。为什么？你知道答案吗，苏菲？苏菲的世界让我们假设，如果一个初生的婴儿会说话，他可能会说他来到的世界是多么奇特。因为，尽管他不能说话，我们可以看到他如何左顾右盼并好奇地伸手想碰触他身边的每一样东西。

小孩子逐渐学会说话后，每一次看见狗，便会抬起头说："汪！汪！"他会在学步车里跳上跳下，挥舞着双手说："汪！汪！汪！汪！"我们这些年纪比较大、比较见多识广的人可能会觉得小孩子这种兴奋之情洋溢的样子很累人。我们会无动于衷地说："对，对，这是汪汪。好了，坐着不要动！"看到狗，我们可不像小孩子那样着迷，因为我们早就看过了。

小孩子这种行为会一再重复，可能要经过数百次之后，他才会在看到狗时不再兴奋异常。在他看到大象或河马时，也会发生同样的情况。远在孩童学会如何讲话得体，如何从事哲学性的思考前，他就早已经习惯这个世界了。

无论你的年龄有多大，都请用一种全新的，像小同一样的眼光看世界，这样你就会发现这世界上有许多未知领域，我们不应该对不了解的事情持有习以为常的态度，要学会提出疑问并努力探索。当然，这样做的前提是我们必须有好奇心。

　　每个人都有好奇心，它是与生俱来的，但它也是极易丧失的，别让成长和习惯将它扼杀，成年人更应该尽力保持自己探索未知世界的好奇心，那样才能永远对生命保有一种新鲜、惊叹的心情，才能不断激发自身的创造力。

第 042 件事

正确处理爱情和事业的关系

前几年有一首流行歌曲中曾经有过这样一句歌词："赢得了世界输了她。"这首歌曾深深打动了无数听者的心，其中的那句歌词向人们展示了一个为事业打拼最终失去爱人的可怜人内心深处的巨大伤痛。同时它也间接地告诉人们：无论对男性来讲还是女性来讲，爱情和事业都是生命不可或缺的部分，应该正确处理爱情和事业的关系。

古人说鱼与熊掌不能兼得，有一定道理，但凡事没有绝对，当事业与爱情发生冲突时，只要学会多费一点心思，少算一点得失，即便不是鱼与熊掌兼得，在爱情与事业之间，总会找到一些平衡点。

■ 把事业和爱情都装在心中

能否处理好事业和爱情之间的关系，可以反映出一个人的处世水平。在工作过程中，这个问题常常弄得一些职业人士焦头烂额，似乎事业和爱情永远是一对难以协调和解决的矛盾。要顾事业，有时就顾及不了爱情；要照料爱情，有时又顾及不到事业。于是，一些职业人士不由自主地走入了误区：既然如此，那就以事业为重吧，爱情只好搁在一边。

然而，事实通常会令人尴尬，爱情危机有时把他们压得喘不过气来，精力根本难以集中起来，曾经"一心扑在事业上"而获得的成果，甚至毁于一旦。

其实，虽然事业和爱情确实存在矛盾，但并不是绝对对立的，只要你肯重视这对矛盾，事业和爱情是完全可以兼顾的。作为一名职业人士，你必须正视这一问题，把事业和爱情都装在心中，既有利于爱情，也有利于事业，做到这一点对你来说，也许并不是难题。

李醒就是一个能处理好这方面问题的典型例证。

他喜欢在坐车回家的路上考虑工作中的种种问题。他说，他的许多处理问题的"金点子"就是在这种情况下获得的。他的朋友这样评价他："他几乎每时每刻都把心思放在工作上。因为随便什么时候，他都会拿出一张纸来在上面画来画去。他一直都记笔记。有时，在饭馆里吃饭，他会在餐巾上画些什么。"

李醒虽然陶醉在自己的工作和事业中，视工作和事业为自己的生命，但他并不是那种不解风情的人。事业在他心中，爱情也在他的心中。他同女友情投意合的默契，大受亲朋好友和员工的称赞，不少人赞誉他是享有事业辉煌和享有甜蜜爱情"幸运儿"。李醒能博得女友认同和挚爱，自有缘由。他乐于与女友分享他事业的成功和辉煌，更乐于向女友倾诉工作上的构想、烦恼，使女友既对他的事业有较全面的了解，又对他的思想感情有深入的把握。这样，女友不但参与到他的事业中，而且加深了对他的爱。事业和爱情在他心中融为一体，使他获得了莫大的幸福。

■ 有事须向爱人"请假"

工作中总会发生一些突如其来的状况，或者是有些无法避免的应酬，如果因此影响了你和爱人相聚的时间，你千万别忘了事先要跟爱人打好招呼。如果是几天以前就定好的，当天也不要忘了再跟爱人强调一下；如果事出紧急，一旦确定晚上不能早回家，更要尽快跟爱人说明。这样做不是怕他（她），也不是迁就他（她），而是表明你很尊重他（她），很尊重你们在一起的时间。既然两人不能"腻"在一起共度良宵，那事先通报一下总应该吧！假如事情发展不在你的预期之中，你无法按原定时间回家，你最好也要跟爱人说明一下，免得他（她）等到半夜。

■ 别把工作带到你们的二人世界

当你锁上办公室的大门时，也请你把工作中的烦恼都锁在里面，别把它们带回与爱人的亲密世界中，否则你将得不到任何好处。

见爱人之前，记住这句话："在他（她）面前不允许有工作上的担心或焦虑，也不允许有关于工作的思考或讨论。"

与爱人一起享受你今晚的爱情生活。不要在晚上浪费你宝贵的精力，不要让自己过于疲惫，不要老在晚上反思一天的工作或为过去悲哀，更不要想自己能否把这个做得更好或者把那个做得更好。当你这样做的时候，你只是在浪费你更多的宝贵精力和时间而已，那有什么用呢？如果你早已出色地完成了工作，为什么还要在它上面浪费更多的时间和宝贵的精力呢？通过更好地完成现在的事情，通过把你的精力有效地投入正确的方向，从而弥补你过去的不足。

■ 把应酬结束在家门外

哪种人最让人讨厌？喝得酒气熏天、神志不清的人肯定是其中一种。因此，不管是职业男性，还是职业女性，在外应酬时，你就是跟客户谈得再开心、谈得再投机，哪怕对方许给你明年几百万的订单，你也别喝得太多。即使你的酒量足以保证你再多喝点也不会上错车，那也要学会适可而止。你大口吃菜、大口喝酒，在客户眼里是一种豪爽的气魄，在爱人眼里就成了一个"贪杯"的酒鬼。所以，不管你的爱人是如何喜欢你在外面的雷厉风行，在应酬这件事上，你最好还是谨慎一点儿为好。

应酬结束回家时，不要让自己的情绪显得太高昂，如果你回家时带着一副意犹未尽的表情，或是心思依然在刚才的聚会上，你的爱人心里肯定不乐意。

平日生活中说哪个异性同事不错，爱人是可以理解的，因为工作上的事，在家也难免要聊一聊。可是如果你在外面应酬到很晚才回家，回家后又一个劲儿地说什么这个同事真漂亮，那个同事唱歌好听，你的爱人心里肯定不是滋味。

第 043 件事

科学理财，理性消费

金钱利用得好可以为我们服务。对于金钱我们要取之有道，用之有度。

■ 对于金钱保持正确的心态

美国一家十分著名的调查公司曾经做过一项调查统计，结果非常令人吃惊：人类 70%的烦恼都跟金钱有关，而人们在处理金钱时，却往往十分盲目。

盖洛普民意测验协会主席盖洛普·乔治说，研究显示，大部分人都相信，只要他们的收入增加 10%，就不会再有任何财政的困难。美国预算专家爱尔茜·史塔普里顿夫人曾担任纽约及全培尔两地华纳梅克百货公司的财政顾问多年。她曾以个人指导员身份，帮助那些被金钱烦恼拖累的人。她帮助过各种收入的人——从一年赚不到 1000 美元的行李员至年薪 10 万美元的公司经理。她曾说过这样一段话："对大多数人来说，多赚一点钱并不能解决他们的财政烦恼。"事实上，人们经常看到，收入增加之后，并没有什么帮助，只会徒然增加开支——增加头痛。"使多数人感觉烦恼的，"她说，"并不是他们没有足够的钱，而是不知道如何支配手中已有的钱！"

亚诺·班尼特 50 年前到伦敦，立志当一名小说家，当时他很穷，生活压力也很大。所以他把每一便士的用途记录下来。他想知道他的钱怎么花掉了？不是的，他只想心里有数。他十分欣赏这个方法，不停地保持这一类记录。甚至在他成为世界著名的作家、富翁，拥有一艘私人游艇之后，也还保持这个习惯。

约翰·洛克菲勒也有这种记总账的习惯。他每天晚上祷告之前，总要把每便士的钱花到哪儿去了弄个一清二楚，然后才上床睡觉。

只有你对金钱保持了一种正确、健康的心态，认为金钱就是金钱，它不等于快乐、幸福，也不等于生活的全部，这样，你才能消除这 70%的由于金钱所带来的烦恼。

■ 及早做好财务规划

我们生活的每一阶段都是一个重要的转折点。由于个人理财生涯规划决策的效果具有时效性与延续性，因此每个转折点的决策将影响下一步决策。假如个人理财生涯规划的决策长期以来一直较为合理，那么就能避免以下 6 种危机：

（1）过多的债务。

（2）未尽妥善的养老计划。

（3）不良的生活习惯与嗜好。

（4）恶劣的人际关系。

（5）子女的问题。

（6）遗产纠纷问题。

当一个人从孩子变成青年，从青年快速地进入壮年，又从壮年更快速地进入中年，当接近退休年龄时，他会感到时间是多么的无情！但如果长期以来一直在为自己的将来准备，那么幸福的晚年生活也是指日可待的。为了以后避免个人财务上的烦恼，让自己过上简单快乐的生活，我们应当及早做出个人财务规划。

俗话说："你不理财，财不理你。"正确的财务规划会给我们带来财富和幸福。为此，我们应当清楚地了解人生各阶段容易出现的危机，特别是财务危机，并对各种挑战及早做出恰当决策。应注意保持清醒的头脑，及时处理各种不利因素。

为了拥有一个简单、快乐、幸福的人生，我们应当为自己负责——不论是钱财，还是人生。当我们在规划个人财务的过程中遇到困难时，可以去咨询理财专家、投资顾问或财务计划师，向他们寻求帮助。

■ 学会理性消费

很多人在消费过程中过于盲目，常常因一时的冲动而疯狂购物，过后才发觉自己根本不需要这些东西。他们消费购物时极少讲价，所以常常受到店员们的欢迎，自己也因此陷入其中而觉得飘飘然。更有很多人在购物中和他人盲目攀比，为了证明自己的身份而购买豪华的物品，这些人除非拥有巨额的财产，否则的话会很快陷入财务危机，并有可能因此而不能自拔。

许多时候，我们想要买一件东西，往往不一定是非买不可，而仅仅是因为别人有这件东西而自己没有，这是攀比心理在作祟。

理性消费要求我们只买需要的，不买想要的；只买合适的，不买最贵的。

每逢到节假日，各大商场纷纷找个借口打出打折的幌子来，不是回馈消费者，就是情人节的礼物等，花样繁多、五花八门，在如此强大的攻势下，你能坚守住自己的消费原则吗？

总有一些人，尤其是女性朋友多会说："哇！原价 ×××× 元，现价才 ××× 元，好便宜啊！"然后生怕过了这个村就没这个店似的，赶快掏腰包，一点也没有舍不得的感觉。

等到回到家冷静下来又后悔："唉，其实也没有刚才看得那么好！而且这样的衣服、鞋子，我已有很多，早知不花这冤枉钱了。"

这就是典型的不理性消费者。如果不想自己日后心生悔意，那么在掏钱时先问一下自己：就是它了吗？它是我需要的吗？

如此控制一下自己的欲望，也许就少花冤枉钱了。

第 044 件事

熟练掌握几种实用公文写作方法

在社会上从事各个方面的工作都要与公文打交道，所以，熟悉掌握几种实用公文写作方法，无论是对求职，还是对工作都有十分重要的意义。

公文就是公务文书，指机关、团体、企事业单位在处理各种事务中形成的体式完整、内容系统的各种书面材料，也称文件。

公文具有如下特征：

（1）鲜明的政治性。

（2）法定的作者。法定作者，即依法成立并能以自己的名义行使权力和承担义务的组织。

（3）有法定的权威和特定的格式。作为机关的喉舌，公文可以代表机关发言、代表制发机关的法定权威。因此，公文必须统一格式，不能各行其是。

（4）有现实的效用。

■ 了解实用公文的格式

公文格式一般包括：标题、主送机关、正文、附件、发文机关（或机关用章）、发文时间、抄送单位、文件版头、公文编号、机密等级、紧急程度、阅读范围等项。

（1）标题。公文标题由发文机关、发文事由、公文种类三部分组成，称为公文标题"三要素"。如:《××集团董事局关于表彰 2006 年度先进工作者的通知》这一文件标题中，"××集团董事局"是发文机关，"关于表彰 2006 年度先进工作者"是发文事由，"通知"是公文种类。公文标题应当准确、简要地概括公文的主要内容。公文标题的位置在公文的开首，居于正文的上端中央。

（2）主送机关。上级机关对下级机关发出的指示、通知、通报等公文，叫普发公文，凡下属机关都是受文机关，也就是发文的主送机关；下级机关向上级机关报告或请示的公文，一般只写一个主送机关，如需同时报送另一机关，可用抄报形式。主送机关一般在正文之前、标题之下顶行写。

（3）正文。这是公文的主体，是叙述公文具体内容的，为公文最重要的部分。正文内容要求准确地传达发文机关的有关方针、政策、精神，写法力求简明扼要，条理清楚，实事求是，合乎文法，切忌冗长杂乱。请示问题应当一文一事，不要一文数事。

（4）发文机关。写在正文的下面偏右处，又称落款。发文机关一般要写全称；也可盖印，不写发文机关。机关印章盖在公文末尾年月日的中间，作为发文机关对公文生效的凭证。

（5）发文日期。公文必须注明发文日期，以表明公文从何时开始生效。发文日期位于公文的末尾、发文机关的下面并稍向右错开。发文日期必须写明发文日期的全称，以免日后考察时间发生困难。发文日期一般以领导人签发的日期为准。

（6）主题词。一般是将文件的核心内容概括成几个词组列在文尾发文日期下方，如"人事任免通知"，"财务管理规定"等，词组之间不使用标点符号，用醒目的黑体字标出，以便分类归档。

（7）抄报、抄送单位，是指需要了解此公文内容的有关单位。送往单位是上级机关列为抄报，是平级或下级机关列为抄送。抄报、抄送单位名称列于文尾，即公文末页下端。为了整齐美观，文尾处的抄报抄送单位、印刷机关和印发时间，一般均用上下两条线隔开，主题词印在第一条线上，文件份数印在第二条线下。

（8）文件版头。正式公文一般都有版头，标明是哪个机关的公文。

版头以大红套字印上"××××××（机关）文件"，下面加一条红线（党的机关在红线中加一五角星）衬托。

（9）公文编号。一般包括机关代字、年号、顺序号。如："国发 \[2006\]7 号"，代表的是国务院 2006 年第 7 号发文。"国发"是国务院的代字，"\[2006\]"是年号，（年号要使用方括号"\[\]"），"7 号"是发文顺序号。几个机关联合发文的，只注明主办机关的发文编号。编号的位置：凡有文件版头的，放在标题的上方红线与文头下面的正中位置；无文件版头的，放在标题下的右侧方。编号的作用：在于统计发文数量，便于公文的管理和查找；在引用公文时，可以作为公文的代号使用。

（10）签发人。许多文件尤其是请示或报告，需要印有签发人名，以示对所发文件负责。签发人应排在文头部分，即在版头红线右上方，编号的右下方，字体较编号稍小。一般格式为"签发人：×××"。

（11）机密等级。机密公文应根据机密程度划分机密等级，分别注明"绝密"、"机密"、"秘密"等字样。机密等级由发文机关根据公文内容所涉及的机密程度来划定，并据此确定其送递方式，以保证机密的安全。密级的位置：通常放在公文标题的左上方醒目处。机密公文还要按份数编上号码，印在文件版头的左上方，以便查对、清退。

（12）紧急程度。这是对公文送达和办理时间的要求，分为"急件"、"紧急"、"特急"几种。标明紧急程度是为了引起特别注意，以保证公文的时效，确保紧急工作问题的及时处理。紧急程度的标明，通常也是放在标题左上方的明显处。

（13）阅读范围，根据工作需要和机密程度，有些公文还要明确其发送和阅读范围，通常写在发文日期之下，抄报抄送单位之上偏左的地方，并加上括号。如：（此件发至县团级）。行政性、事务性的非机密性公文，下级机关对上级机关的行文，都不需特别规定阅读范围。

（14）附件。这是指附属于正文的文字材料，它也是某些公文的重要组成部分。附件不是每份公文都有，它是根据需要一般作为正文的补充说明或参考材料的。公文如有附件，应当在正文之后、发文机关之前，注明附件的名称和件数，不可只写"附件如文"或者只写"附件 × 件"。

（15）其他。公文文字一般从左至右横写、横排。拟写、誊写公文，一律用钢笔或毛笔，严禁使用圆珠笔和铅笔，也不要复写。公文纸一般用 16 开，在左侧装订。

■ 报告的特点和写法

报告是下级向上级汇报工作、反映情况、提出意见或建议、答复询问的陈述性上行公文。

"报告"是陈述性文体。写作时要以真实材料为主要内容，以概括叙述为主要的表达方式。"报告"是行政公文中的上行文种，撰写"报告"的目的就是为了让上级掌握本单位的情况，了解本单位的工作状况及要求，使上级领导能及时给予支持，为上级机关处理问题、布置工作或做出某一决策提供依据。"下情上传"是制发报告的目的。所以报告的内容要求以讲事实为主，要客观反映具体情况，不要过多采用议论和说明，表达方式以概括为主，语气要委婉、谦和、不宜用指令性语言。

1. 报告的种类

报告从种类与内容上分主要有：汇报性报告、答复性报告、呈报性报告、例行工作报告。

2. 写法

报告的结构一般由标题、受文领导、正文、落款、成文时间组成，下面介绍几种报告的写法。

（1）汇报性报告。汇报性报告主要是下级向上级汇报工作、反映情况的报告，一般分为两类：一类是综合报告，这种报告是本单位工作到一定的阶段，就工作的全面情况向上级写的汇报性报告。其内容大体包括工作进展情况，成绩或问题，经验或教训以及对今后工作的意见或建议。这种报告的特点是全面、概括、精炼。另一类是专题报告，这种报告是针对某项工作中的某个问题，向上级所写的汇报性报告。

（2）答复性报告。这种报告是针对上级或管理层所提出的问题或某些要求而写出的报告。这种报告要求问什么答什么，不涉及询问以外的问题或情况。

（3）呈报性报告。呈报性报告主要用于下级向上级报送文件、物件，随文呈报的一种报告。一般是一两句话说明报送文件或物件的根据或目的，以及与文件、物件相关的事宜。

（4）例行工作报告。例行工作报告是下级向上级，因工作需要定期向上级所写的报告，如，财务报告、费用支出报告等。

■ 通知的种类和写法

通知可分为"批示性通知"、"指示性通知"、"一般性通知"、"会议性通知"、"任免通知"5 种。这里仅介绍"一般性通知"、"任免通知"两种。

（1）一般性通知。在上级机关有关事宜需要使下级机关知道或办理时，如庆祝某个节日，成立、调整、合并、撤销某个机构，启用印章，更正文件差错，请下级机关报送有关材料等，都可使用这种通知。这种通知，要交代清楚所通知的事项，如何办理，有什么要求等。

（2）任免通知。上级机关在任免下级机关的领导人或上级机关的有关任免事项需要下级机关知道时要发任免通知。这种通知的写法比较简单，一般只要写清楚决定任免的时间、机关、会议或依据文件，以及任免人员的具体职务即可。

不论哪种类型的通知，都应该注意以下几点：

（1）通知一般都要有一个符合标题"三要素"（即发文机关、事由、文种）的标题，使人一看标题就知道是通知什么事情或要求做什么事情。有些机关简单地使用"通知"作标题，这是不确切的，应尽量避免，更不应提倡。

（2）被通知单位就是文件的主送单位，有的通知往往不写被通知单位，这是不妥当的。

（3）如果所通知的事项需要被通知的单位尽快知道，可在"通知"之前加"紧急"二字，这就是常见的"紧急通知"。

■ 函的种类和写法

"函"的使用比较灵活、广泛。平行机关之间、不相隶属机关之间、上下级机关之间都可以使用。诸如下级机关向上级机关询问一般事宜；

上级机关答复下级机关的询问，催办有关事项，催报某项材料或统计数字；平行机关或不相隶属机关之间商洽或告知有关事项，临时处理某些问题、事务；上级、下级相互告知有关事项；对原发正式文件作某些补充或更正；机关单位对个人的公务联系，答复群众采信，人事介绍等，一般都可用"函"行文。

1．商洽性函

商洽性函为机关（部门）之间联系和商洽工作时使用。这类函的正文一般有两部分：

（1）商洽缘由。写明发函的原因。

（2）商洽事项。明确提出所要联系和商洽事项的具体内容，特点是注意写清对对方的要求和希望。

2．询问性函

这类函为向对方询问有关问题，有时也可简述某一事项，提出处理意见，请求对方给予答复时使用。正文一般包括两个方面：

（1）询问缘由。说明询问的目的或原因，也可叙述有关情况，以使对方了解所询问问题的来由。

（2）询问内容。明确而具体地写明所询问的问题。

3．答复性函

这类函为答复对方来函所询问的问题时使用。上级机关对下级机关一般性质的请示，除批复外，也可用函给予答复。正文分为 3 个层次：

（1）告知情况。说明对方来函收悉，并在简要复述对方所询问问题或所提要求后，常用"经……研究，现答复如下"等语来承上启下，过渡到下文。

（2）答复意见。针对来函内容，给予明确、具体的答复。

（3）结尾。最后以"批复"、"特此函复"或"谨作答复"作结。如果告知情况部分用了"现答复如下"，则可不写结尾。

4．委托性函

这类函为委托有关部门（单位）代办某些事时使用。如各地人民法院经常用它委托有关部门代办一般性案件，或代查与一般性案件有关的某一情况。正文常常有以下 3 部分。

（1）委托缘由。说明委托的目的以及所要委托代办或代查等项的基本情况。

（2）委托内容。说明委托代办或代查的具体要求及应注意的问题，包括时间限制，质量要求或数量指标等详细内容。

（3）结尾。一般写"以上事项,希大力协助办理（或查清）并请尽快见复"等语。

5. 告知性函

这类函是将某一事项或某些情况（包括办理受托代办事项的情况等）告知有关部门（单位）时使用的。它与答复性函非常接近。它们的根本区别是答复信函是答复对方所询问的问题，而告知性函则是告知对方代办或代查事项的情况。

这类函的正文通常有两部分：

（1）告知原因。说明制发本函的原因。

（2）告知事项。简要叙述告知对方有关事项的具体内容及应注意的问题。

不论写哪类函，都必须注意以下两点：第一，一函一事，突出中心，有的放矢，及时准确；第二，直述原因，行文简洁，语言明快，措辞得体。

第 045 件事

精通行之有效的社交礼仪

有人说："以礼敬于人，人们就服从你；以礼敬于神，神就保佑你；以礼敬于天，天就会相助你。"礼节经常可以替代最高贵的感情，不用花钱，却能为你赢得一切。

精通行之有效的社交礼仪，也是成功的一个必要条件。

■ 酒桌上的礼仪

我们都知道，宴会作为一种交际媒介，在洽谈业务、迎宾送客、聚朋会友、彼此沟通、传递友情等方面，发挥了独特的作用，它代表了个人，乃至集体、公司的形象，因此有必要引起各方面的大力关注。其中酒桌上的礼仪又是宴会上一个突出的问题。据说一位老总为了表示与客户合作的诚意，一杯杯地喝那"合作酒"，结果把自己喝到桌子底下，把对方也全喝趴下了。酒醒后，客户把本来准备好的合作意向取消了，因为他们不相信合作伙伴能把工作搞好。想想这位老总的主要错误在于他没能很好地掌握酒桌上的礼仪，敬酒、劝酒过度，给人留下了一种极差的印象，以至于让人误会了他的"热心肠"。

敬酒也是一门学问。一般情况下，敬酒应以年龄大小、职位高低、宾主身份为序，敬酒前一定要充分考虑好，分清主次。与不熟悉的人在一起喝酒，要先打听一下身份或是留意别人如何称呼，这一点心中要有数，避免出现尴尬或伤感情的局面。敬酒时一定要把握好敬酒的顺序，如果有求于某位客人时，在席上，对他自然要倍加恭敬。但是要注意，如果在场有更高身份或年长的人，则不应只对能帮你忙的人毕恭毕敬，也要先给尊者、长者敬酒，不然会使大家都很尴尬。

酒桌上不可避免地要劝酒，劝酒体现了主人的好客、热情，所以劝酒宁可过一点也无妨。有些人自己不爱喝酒，觉得喝多了没有好处，因此席间劝酒有顾虑，担心让人家喝多了似乎不怀好意。其实，劝酒是件热闹事，劝酒要劝到点子上，有叫得响的理由，说得对方高兴了，喝两杯也痛快。但特别注意的是劝酒与喝酒不是对等的。作为主人，一定要尽地主之谊，热情相劝，至于客人喝不喝、喝多少并不重要，不必较真，请对方自便。但是，有的人总喜欢把酒场当战场，想方设法劝别人多喝几杯，认为不喝到量就是不实在。"以酒论英雄"，对酒量大的人还可以，酒量小的就犯难了，有时过分劝酒，还会将原有的气氛完全破坏。

虽说席上劝酒要热情，但还是少喝为佳，不论主客都一样。不劝不热闹，但劝了就喝，喝多了也不好。劝酒人不知道你的酒量，你自己应该明白。不管对方如何劝，自己要把握自己。他劝你喝，你也可以劝他喝。切记：酒席以劝为主，不是以喝为主，一劝就喝同没有人劝自己喝一样都是没有情趣的。

无论是敬酒还是劝酒都少不了要说话，酒桌上的语言交流可以显示出一个人的才华、学识、修养和交际风度，有时一句诙谐幽默的语言，便会给客人留下很深的印象，使人无形中对你产生好感。所以，在酒桌上你应该知道什么时候该说什么话，语言得当、诙谐幽默很关键。大家都记得《红楼梦》中刘姥姥初进大观园那一回吧，在酒桌上，刘姥姥的话语诙谐幽默，以致贾府上下都很快活，因此对她就另眼相看，待她甚好。现在的日常礼仪也好、商务礼仪也罢，要想说笑话，就要既无伤大雅，又能活跃气氛才行。说一些低俗下流的笑话，这在宴会上是很不妥当的，尤其在商务宴会中更是不可取的。

■ 宴会吃喝的礼仪

在宴会上要遵守一定的礼仪规范，切不可像独处时或与熟识的朋友小聚时那样随便。优雅的举止体现了你的道德修养，树立起你的好形象，也表现出你对别人应有的礼貌。

有一次，一位外国人在家里举办一个小型宴会，宴会上有几名亲朋好友，当然也包括他的几个合作伙伴。宴会开始后，在座的各位都显得彬彬有礼，但是当他们进餐时，席间有一位李总不知何故，把汤喝得很响，惹得别人都向他看去而他却浑然不觉，只沉浸在汤的美妙中了。但是从此以后，这位外国人对李总就很冷淡了，生意上也是对他"另眼相看"，不像原来那样热情。

可见宴会中吃喝礼仪给别人的印象是何等重要，因此就要多多了解关于吃喝的礼仪。

1. 吃的礼仪

吃饭时，最忌讳显出贪吃的样子。如饭前眼睛直勾勾地盯着餐桌上的菜，进餐时狼吞虎咽等，这些都是不礼貌的行为。正确的做法是：入席落座后，菜没上齐前，可与大家聊聊天；进餐时，应细嚼慢咽，这不仅有利于品味和消化，也符合餐桌上的礼仪要求。

进餐时，不要自私和挑食。不要抢先夹菜和用力翻动菜肴，一次夹菜不要太多。吃到不合自己口味的菜，切不可吐舌。注意可用餐巾擦嘴和手，而不要用餐巾擦桌子等。

刚端上桌的菜汤很热，为了降温，有人习惯用嘴去吹，这样既不雅观，也不卫生。正确的做法是：当汤太热难以马上入口时，可将汤舀入自己的碗内，轻轻地舀一舀，待降温后再喝。

喝汤应用汤匙一勺一勺舀着喝，注意不要发出大的声响。当汤快喝完时，可用左手端碗，将碗向内倾斜，用右手持汤匙舀着喝，而不要口对碗边一饮而尽。

招待客人时，主人通常会端上水果。在涉外的活动中，禁止直接用手拿着水果吃。吃苹果和梨，应用水果刀将其切成 4 ~ 8 瓣，去掉皮、核后，再用叉子取食。还有一种吃法，是先将苹果或梨竖放在盘中，沿着纵向切下一角，先去掉核，再用叉子叉住，再去皮，切成小块食用。

吃水果之前，手应洗净。不论见到多么喜欢、多么好吃的水果，也不允许悄悄装入口袋拿走。吃水果时不宜一下把嘴塞满，而应当一小口一小口地吃，不要边吃边谈，更不允许把果皮、果核乱吐、乱扔。

宴会上良好的修养，有助于提升你的形象，能使你赢得别人的尊敬，让你的事业、生活都更顺利。

2. 喝的礼仪

西方常以茶会作为招待宾客的一种形式，茶会通常在下午 4 时左右开始，设在客厅之内，准备好座位和茶几就行了，不必安排座次。茶会上除饮茶之外，还可以上一些点心或风味小吃。

国内有时也以茶会招待外宾。

我国旧时有以再三请茶作为提醒客人应当告辞了的做法，因此在招待老年人或海外华人时要注意，不要一而再、再而三地劝其饮茶。

不少国家有饮茶的习惯，饮茶的讲究更是千奇百怪。日本人崇尚茶道，把饮茶作为陶冶人灵性的一种艺术。以茶道招待客人，重在渲染一种气氛，至于茶则每人小小的一碗，或全体参加者轮流饮用一碗，不能喝了一碗又一碗。

如今，到中国茶馆里去寻访民俗的外宾越来越多了。在茶馆里遇上外宾同桌饮茶，应以礼相待，既不要过分冷淡，也不要过分热情，做到不卑不亢就行了。

此外，喝咖啡作为一种流行趋势，现在也越来越得到广大人民的认可和喜爱了，喝咖啡体现了一种优雅和风度。

在咖啡屋里，举止要文明，不要盯视他人。交谈的声音越轻越好，千万不要不顾场合而高谈阔论。

在外交场合中，常常为女宾举办咖啡宴，作为夫人们彼此结识的一种有效的非正式方式。若咖啡宴于上午 11 时举行，则客人们应于 12 时之后离开。

在家中请人来喝咖啡，通常安排在下午 4 时以前，一般不用速溶咖啡，届时应准备一些点心。女主人负责给客人们倒咖啡，但坐着倒就可以了。另外，喝咖啡时常常要吃小点心，这时切不可吃一口喝一口地交替进行。饮咖啡时应放下点心，吃点心时应放下咖啡杯。

饮咖啡是一种文化，只有讲究礼节，才能体味它的温馨。

■ 递接名片的礼仪

现代社会，名片的作用越来越大，交换名片成为建立人际关系的第一步，一般宜在与人初识时，自我介绍或经他人介绍之后进行。发送名片也是有讲究的，它直接影响着你的形象和别人对你的印象。

对下一步要联系的业务人员或你感兴趣的人，要主动把名片递过去，表示愿意与对方认识、交往。在取出名片准备发送给别人时，要双手轻托名片至齐胸的高度并将正面朝向对方，以方便别人接收时阅读。如果人多而自己左手正拿着一叠名片，也应该用右手轻托，左手给予辅助，一张张地发给每个人，不要像发扑克牌一样随便乱丢。在递给对方名片时，要注意对方的地位、身份以及双方的关系。一般说来，名片有 3 种递法：

（1）手指并拢，将名片放在手掌上，用大拇指夹住名片的左端，恭敬地送到对方胸前。名片上的名字反向自己，使对方接到名片就可正读，不必翻转过来。

（2）食指弯曲与大拇指分别夹住名片递上。

（3）双手的食指和拇指分别夹住名片的左右端奉上。

以上 3 种递法，都避免了"尖锐的指尖"指着对方的禁忌，其中尤以第 3 种为最恭敬。

当你接受他人名片时也要注意自己的形象，这时，应起身或欠身，面带微笑，恭敬地用双手的拇指和食指捏住名片的下方两角，并轻声说："谢谢！""能得到您的名片十分荣幸！"如对方地位较高或有一定知名度，则可道一句"久仰大名"之类的赞美之词。接过别人的名片一定要先仔细看一下，名片看过之后（边看边读出声音来，效果也不错），要精心放入自己的名片夹或上衣口袋里，也可以看后先放在桌子上，但不要随手乱丢或在上面压上杯子、文件夹等东西，那是很失礼的表现。另外，如果对方名字比较复杂或有不能确认的发音，最好能礼貌地向对方请教，无论如何总比下次见面时读错字，让对方板着脸强很多。在这里要特别注意的是，你一定要重复一遍名片上的"名字＋职务"，一定要把后边的职务读出来，如"张总经理"，不要只读名字。

交换名片也要按一定次序。一般情况下双方交换名片时是地位低的人先向地位高的人递名片，男性先向女性递名片。当然，相互不了解时就没有先后之分了。在商务活动中，女性也可主动向男性递名片。

当面前的交往对象不止一人时，应先将名片递给职务较高或年龄较大的人，如分不清职务高低和年龄大小时，则可依照座次递名片，应给对方在场的人每人一张，不要让别人认为你厚此薄彼。如果自己这一方人较多，则让地位高者先向对方递送名片。另外，千万不要用名片盒发名片，这样会让人们认为你不注重自己的内在价值，以为你的名片发不出去。

名片虽小，但它却是结识新朋友、成就事业、打开心锁的一把钥匙。在人际交往中，恰当地运用名片，注重与名片相关的各种礼仪，将会为你进一步提升自己的形象打下坚实的基础。

第 046 件事

掌握当众讲话的技巧

在工作和生活中的一些时机和场合，你需要当众讲话。有的时候，出于表达意见或自我表现的需要，你也必须当众讲话。当众讲话，对于任何人来讲，都是一次考验，讲得好，便能充分表达自己的见解，促进沟通、提升个人影响力；讲得不好，就可能引起他人的反感，或者破坏自己在他人心目中的印象。

学会当众讲话是十分重要的，这就需要我们掌握当众讲话的技巧。

■ 克服你的羞怯感

羞怯心理是人们当众讲话的最大障碍，只要你克服了这种心理，勇敢地向众人展示你自己，你就已经开始迈向成功了。

所以，消除心中的羞怯感是训练语言能力的第一步。

那么，怎样才能消除羞怯感呢？

1. 把精力全部放在事件发生时的情景上

如果你因受到责备而过于害羞，或回忆曾经有过的任何不适当的害羞行为，只能使你变得更加迷惑不解，甚至使你感觉更加无助和绝望。

只有在害羞能和我们的记忆中还十分鲜明的事件联系起来的时候，才能处理害羞这个问题。比如，如果在晚会上，你因害羞无法参与晚会的游戏而感到痛苦，那么就应该首先去了解游戏，去接近正在做游戏的人——虽然表面上显得令人害怕，但却可以让你真正感受到这个游戏实际上没有一点危险，甚至还很有趣。你甚至可以在合适的时候玩相同的游戏，这样就能从中获得更多的乐趣。

2. 借助周围的人激励自己

来自亲人的夸奖，对于你而言是种激励，但有时候，亲戚朋友甚至陌生人所给予的赞美，对你的影响效果更大，往往会成为促使你进步的最佳动力。

当听到别人的赞美和鼓励时，你首先要相信是自己的表现打动了他们，因此要相信他们的赞美是真诚的和发自内心的，这样在一种良好的心态下接受赞美，进而增长自信。

大凡历史上的领袖人物都非常自信，所以在表述时，他们神态自若、思维敏捷、记忆精确，兴奋与抑制过程始终处于最佳状态，应对自如、毫不做作、真切动人，从而产生极强的感染力和说服力，使表述目的得到最佳实现。

如果你只是普通的害羞病患者，有一个简单有效地克服方法。为什么会怕人笑呢？一定有人笑过你，因此你才会怕人笑。如果你相信这一点，那么，就好好回忆一下，在什么时候，在什么人面前，因为什么遭人取笑。

常常是因为某些事情刺激了你的心灵，最初怕某些人或某件事，后来就笼统地全怕起来，即使那个人或那件事早已不存在了，而你的"怕"却从此附在你身上。现在只要把以前笑你的人，或是导致你受人取笑的那句话找出来，仔细分析一下，就可拔除"怕"的"根"。

不就是有某个人笑过你么？这就是说，并不是所有的人都会笑你。不就是因为某句话，别人才笑你的么？这就是说，并不是你说的所有的话别人都会笑你。可笑的只是那句话，别人说了那句话，你也会笑的。自然，你必须明白，为什么那句话可笑，如果笑你的人喜欢取笑别人，那么，多半错不在你，只要避免在这种人面前说话就可以了。所以，你要学会丢掉你的羞怯感，勇敢一点。

■ 提升语言的影响力

在当众讲话的过程中，还有一个几乎人人皆知而又常常被忽视的特点，就是口语化。按说，当众讲话主要是口语表达，语言的口语化本该不成问题。但由于当众讲话总要比一般的随意交谈或在非正式场合的说话更规范、文雅和生动，也由于许多人在准备稿子的时候常常要堆砌辞藻、雕章琢句或摘抄报章，还以为是讲求文采，这就容易使演讲的语言"文章化"。

那么，怎样做到演讲的语言口语化而更具影响力呢？

（1）尽量选取双音节词，并注意词语的音节搭配。口语是线性语流结构，以声传意，瞬间即逝，不像读书看报，一遍看过去没弄清，还可以再看两遍，所以同义的词最好用双音节或多音节的，而不要用单音节的。古汉语之所以难懂，多用单音节的词是原因之一。好在现代汉语的词语大多由原先的单音节变为双音节或多音节了，这就容易让人听清楚，更适合于"口传"或"耳收"。例如，说"我初次谈恋爱时"就不如说"我第一次谈恋爱的时候"更为顺口入耳；说"因我没经专门的演讲训练"，就不如说"因为我没有经过专门的演讲训练"显得清晰舒畅。当然，单音节的词并不是一概不能用，而是表达同样的意思最好少用单音节的词，多用双音节或多音节的词。

（2）在用词风格上，多用通俗生动的"现成话"，而不要文白夹杂。口语也要修辞，多用俗谚俚语和选用职业术语、绝妙类比。也就是说，口语要多用浅易通俗、生动活泼的"现成话"。诗人艾青按说是十分精通典雅的语言了，但他在《诗论》中强调说："最富于自然的语言是口语。"

语言要通俗不单是为了简明易懂，更不是浅薄庸俗、单调乏味，而是为了既通俗易懂，又具体、生动、活泼、形象。老舍在他的作品中之所以尽量多用口头语言，不仅是为了叫人明白易懂，而且是为了使语言生动活泼。这正如秦牧在《艺海拾贝》中说的："历代以来，开一代文风的杰作，起前代之衰的妙文，都在一定程度上一反因循守旧的书面语的习惯，勇于运用活生生的口头语言。古代的说书人，讲到故事中的人物心头不安时，不说忐忑不安，却说'心里有十五个吊桶打水，七上八下'；讲到羞耻时，不说满面羞报，却说'恨不得有个地洞钻下去'；讲到赶快逃跑时，不说赶快逃跑，而说'只恨爹娘少生了两条腿'；讲到着急时不说着急，却说'急得像只热锅上的蚂蚁'。所有这些都博得听众的赞赏和喝彩，而且流传至今仍有强烈的形象性、新鲜感。"

人们往往有一种习惯性的看法，认为口语简单粗浅，而书面语应当完善而文雅。实际上，现代实用语言在口头和书面两大方面并无多大差别，也不该有多大差别。有些人讲话、致辞或答问总要按照稿子念。如果你的口语不生动，不善于脱稿讲话，那么你写出来的稿子也往往是平板冗长、干巴乏味的，当然也就不具备口语的特点。不是口语化的东西却又用嘴说，这就是某些人的口语表达既不通俗又不生动的主要原因。而另一种倾向是只求简单明白，不求细致生动，这就流于粗俗和浅陋。正确的理解和做法是，书面语言要尽量多用通俗而生动的口语；而在口语表达上要尽量吸收书面语中那些精炼而严谨的词语。只有这样，我们的语言才会通俗易懂又生动活泼。

（3）句式要简短而灵活。我们先来看看一个外国人的一篇汉语作文：

我叫施吉利，加拿大人，很喜欢汉语。我买了许多书，特别是汉语词典、北方方言辞典、成语辞典等。我发现成语、谚语、俗语很好，准确、生动、幽默、风趣。

有一天，很热，我到楼下散步，看见卖西瓜的，是个个体户。我说："你的西瓜好不好？"

他说："震了！"

我问："什么叫震了？"

他答："震了就是没治了！"

"什么叫没治了？"

"没治了就是好极了！您看我的西瓜多好！"

这时，我用了两句俗语，刚学的："没有调查就没有发言权，你不是王婆卖瓜，自卖自夸？"

"是骡子是马拉出来遛遛，我的瓜皮儿薄、子儿小、瓤儿甜，咬一口，牙掉啦。""咔嚓"一声，他切开一个。

我一吃，皮儿厚，子儿白，瓤儿是酸的。我又说了两句成语："你要实事求是，不要弄虚作假。"

他的脸"唰"地红到脖子根儿。我说没有关系，买卖不成仁义在。他一听急眼了："这个不算。""嚓"地又切开一个。我一看，皮儿倍儿薄，子儿倍儿黑，瓤儿倍儿甜，我狼吞虎咽地吃起来。

他说："好吃不好吃？"

我一伸大拇指："盖了帽儿了！"

这位外国人学汉语也真学得"盖了帽儿了"，一是采用了生动的俗语，二是句式简短。这虽然是用笔写的作文，但语句大多是五六个字，最长的才有十来个字，体现了口语的特点。

所以，要想让自己的讲话收到良好的效果，一定要学会把握语言的风格，注意文采，使讲话通俗易懂。

■ 选好"破题"的方式

当众讲话时，入题并不等于破题，二者的区别在于：入题只是引导进入设定的题目或论点的方式，而破题则是提纲挈领地进入各个论据或阐述的要点之中。可见，破题使听众在不知不觉中跟随自己的思路走，是关乎演讲成败的又一重要环节。大致说来，我们可选择以下几种方式，来做到破题的明确。

1. 立一定句并加以强调，以期引起听众的注意和重视

在《论男子汉》的演说中，演讲者为了论述"男子汉"最突出的特征——勇气，故意使用了"勇"的对立物，即一个"难"字来作为破题的标志字符。当然，这个标志字符也不是凭空而来的，且听他是如何表述的：

"刘晓庆说，做女人难，做一个名女人尤其难。我说，做男人难，做一个男子汉尤其难！但男同胞们是欢迎这个'难'的，正因为其难，才富于挑战，才能显示勇气和力量，因此令人神往。"

2. 制造语义的转折

用对立等手法来制造"波澜"以实现破题的目的，并给人以警醒，达到新颖的意境和感受。道格拉斯在《谴责奴隶制的演说》中，使用了提问的入题方式："为什么今天邀我在这儿发言？我和我所代表的奴隶们，同你们的国庆节有什么相干？"接下去他没直接指出"废奴"这个主旨，而是聪明地选择了"国庆"，以及和这个与全美利坚公民欢乐气氛相反的词——"凄凉"来破题，一开始就引起了听众的同情。他在叙述了国庆意义后这样说道："但是，情况并非如此，我是怀着一种与你们截然不同的凄凉心情来谈及国庆的。我并不置身于欢庆的行列，你们巍然独立只是更显露出我们之间难以度量的差距。"

3. 使用自问自答的方式来破题

丘吉尔在担任首相时发表的就职演说就用了两处设问来加以论述，当然也可以看作是为破题而设立的标志语。他说："你们问，我们的政策是什么？我要说，我们的政策……这就是我们的政策。你们问，我们的目标是什么？我可以用一个词来回答：胜利——不惜一切代价，也要赢得胜利。"

当然，破题的方式还有很多，但有一个共同点，就是尽量简约。用明确的言语标志符号去吸引听众，以便朝自己拟定的方向去理解、接受自己阐述的内容。

成文的技巧，就已经成为一种理论，要想学会当众讲话，你必须将这些技巧应用到实践中去，反复思考、反复推敲，只有这样，你才能真正做到在众人面前侃侃而谈、口若悬河。

第 047 件事

了解一些必要的野外生存知识

　　都市人走出城市的喧嚣，突破狭小空间的束缚，到野外同大自然亲和、拥抱，准备好地图、指南针、水壶、食物，去体验一下冒险的刺激和野外求生的乐趣，有一些野外生存的知识是必不可少的。

　　因为只有了解必要的野外生存知识，才能有效地保护自己，不让自己在大自然中受到伤害。下面几项基本知识是野外生存必不可少的，它们涉及辨别方向、搭建帐篷、收集饮用水、应对野生动物伤害 4 个方面。

■ 利用自然特征判定方向

　　在没有地形图和指南针等器材的情况下，要掌握一些利用自然特征判定方向的方法。

　　1. 利用太阳判定方位非常简单

　　可以用一根标杆（直杆），使其与地面垂直，把一块石子放在标杆影子的顶点 A 处，约 10 分钟后，当标杆影子的顶点移动到 B 处时，再放一块石子，将 A，B 两点连成一条直线，这条直线的指向就是东西方向，与 AB 连线垂直的方向则是南北方向，向太阳的一端是南方。

　　利用指针式手表对太阳的方法判定方向。方法是：手表水平放置将时针指示的（24 小时制）时间数减半后的位置朝向太阳，表盘上 12 点时刻度所指示的方向就是北方。假如现在时间是 16 时，则手表 8 时的刻度指向太阳，12 时刻度所指的就是北方。

2. 夜间天气晴朗的情况下，可以利用北极星判定方向

寻找北极星首先要找到大熊星座（即我们常说的北斗星）。该星座由 7 颗星组成，开头就像一把勺子一样。当找到北斗星后，沿着勺边 A、B 两颗星的连线，向勺口方向延伸约为 A、B 两星间隔的 5 倍处一颗较明亮的星就是北极星。北极星指示的方向就是北方。还可以利用与北斗星相对的仙后星座寻找北极星。仙后星座由 5 颗与北斗星亮度差不多的星组成，形状像 W。在 W 字缺口中间的前方，约为整个缺口宽度的两倍处，即可找到北极星。

3. 利用地物特征判定方位是一种补助方法

使用时，应根据不同情况灵活运用。独立树通常南面枝叶茂盛，树皮光滑。树桩上的年轮线通常是南面稀、北面密。农村的房屋门窗和庙宇的正门通常朝南开。建筑物、土堆、田埂、高地的积雪通常是南面融化得快，北面融化得慢。大岩石、土堆、大树南面草木茂密，而北面则易生青苔。在野外迷失方向时，切勿惊慌失措，而是要立即停下来，冷静地回忆一下所走过的道路，想办法按一切可能利用的标志重新制定方向，然后再寻找道路。最可靠的方法是"迷途知返"，退回到原出发地。

在山地迷失方向后，应先登高远望，判断应该向什么方向走。通常应朝地势低的方向走，这样容易碰到水源，顺河而行最为保险，这一点在森林中尤为重要。因为道路、居民点常常是临河而筑的。

如果遇到岔路口，道路多而令人无所适从时，首先要明确要去的方向，然后选择正确的道路。若几条道路的方向大致相同，无法判定，则应先走中间那条路，这样可以左右逢源，即便走错了路，也不会偏差太远。

■ 帐篷的使用方法

现在我们使用的帐篷一般都睡 3 个人，是双层的，外帐是用来防雨、防寒、抗风的，内帐的门也是双层的，里面是纱帘，用来防止虫蛇的入侵，所以进出帐篷都必须把纱帘拉上，外层的门拉上，可以制造一个隐蔽的空间，换衣服方便，也可以保温，晚上睡觉适当拉上，帐篷里边有一个小兜，方便放一些零碎物品。帐篷是我们野外的家，所以一定要爱惜，支帐篷时一定要听训导员的讲解，看训导员做示范，然后正确安装。支好帐篷后，

把装帐篷的黑袋子和地钉，装帐篷杆的袋子都放进帐篷内，收帐篷时要用。不要穿鞋入内，保持帐篷内的清洁。尤其注意不要在帐篷里抽烟，帐篷的面料就是怕火，一个火星就是一个窟窿。因为露水或帐内水汽散发不出去，或者下雨，帐篷都会湿，第二天收帐篷前最好能把帐篷晾干，如没有条件也可以等回家后再说。收帐篷之前把帐篷内的沙子倒干净，把门帘拉好，然后铺平内帐，放上外帐铺平，折叠，同时拍掉帐篷底面的灰土，将帐篷杆一块儿卷起，装入袋内收好。

■ 野外饮用水的收集

在野外，危险随时都会出现。比如，自己带的饮用水喝光了或因各种原因不足了，你只能借助野外的自然资源自己收集饮用水。

你可以根据树木和青草的生长状况来寻找水源。在山脚下，寻找那些草长得茂盛、葱翠的地下，往下挖，便会有水渗出。另外，还可寻找一些有水"标志"的树木，如三角叶杨、梧桐、柳树、盐香柏等，在这些植物下挖掘，可见到水。

你可以利用一些植物来获取水分，如竹子、仙人掌等。将植物的茎、枝砍成一米长短，把一端削尖竖在容器中，这样就可以得到少量的水。但应注意不能选用冒出乳状液体的植物。

你可以根据动物的活动踪迹来寻找水源。鸟群会在水源上空盘旋，在早晨和傍晚，留心它们的叫声，你可确定它们的水源地点。在蚂蚁密集的地点，大多也是可以找到水源的。

你可以根据自然的地形、地貌来寻找水源。干河床在其表面下就可能有水，可选择河道转弯处外侧的最低处寻找，往下挖掘。

另外，可在雨后的岩石峭壁的底部发现水，它们常汇聚在峭壁底部风化的岩石处，或在山谷的浅滩处。石灰岩和熔岩处，比其他地方有更多的泉水。石灰岩洞中虽常有泉水，但不要轻易开挖岩洞，因为很容易在里面迷路。

与岩石地带相比，在松散的沉积地，水更多且更容易找到。在泥上斜坡的表面或泥崖脚下的潮湿地方，都可以挖出水。

在地上挖一个洞，铺上塑料薄膜，把雨水积存下来，或者在倾斜的树杆上绕上一层干净的布，使它的下端垂入容器中，这样也可以收集雨水。另外，也可用这些方法在拂晓时收集一些露水。

在冰雪地带，可用少量的燃料使冰雪融化，以便得到水。野外的水收集后要净化和消毒。

净化首先需要找一个容器，如帆布袋、聚乙烯塑料袋、大铁罐、一端打结的衣袖或袜子，都可以充当容器。

在容器底部铺一层细砾石，然后铺一层沙子，一层炭粉，如此重复铺多次，层数越多越好，每层约为 2.5 厘米厚。如无沙子，就用细砾石代替。

在容器底部钻一些小孔，把水倒进容器，下面用杯子接着。

另外，还可在离水源半米处挖一个浅坑，过一些时间，坑内就会渗出清澈干净的水来。

可以用煮沸方法消毒。在海平面，至少煮沸一分钟；在海拔较高的地区，时间要延长，海拔每增高 1 000 米，煮沸时间可增加 3 ～ 4 分钟。

■ 应对野外动物伤害

1. 毒蛇

我国的毒蛇有 40 余种，多分布于长江以南的广大省份。毒蛇咬伤事件多发生于夏、秋两季。

一旦被蛇咬伤，可以通过蛇形和伤口的形态来判断是否为毒蛇所伤。一般的毒蛇头部呈三角形，身上有彩色花纹，尾短而细。毒蛇咬伤的伤口表层常有一对大而深的牙痕，或两列小牙痕上方有一对大牙痕，有的大牙痕里甚至留有断牙。且伤口的颜色会在较短时间内变成深色甚至是乌色。如果一时无法判断是否被毒蛇所伤，则要按照毒蛇咬伤进行处理。处理措施一定要及时、得当。

（1）防止毒液扩散和吸收。被毒蛇咬伤后，不要惊慌失措，奔跑走动，这样会促使毒液快速向全身扩散。伤者应立即坐下或卧下，自行或呼唤别人来帮助，迅速用可以找到的鞋带、裤带之类的绳子绑扎伤口的近心端。如果手指被咬伤可绑扎指根；手掌或前臂被咬伤可绑扎肘关节上；脚趾被咬伤可绑扎趾根部；足部或小腿被咬伤可绑扎膝关节下；大腿被咬伤可绑扎大腿根部。绑扎的目的仅在于阻断毒液经静脉和淋巴回流入心脏，而不妨碍动脉血的供应，与止血的目的不同。故绑扎无须过紧，它的松紧度掌握在能够使被绑扎的下部肢体动脉搏动稍微减弱为宜。绑扎后每隔 30 分钟左右松解一次，每次 1 ~ 2 分钟，以免影响血液循环，造成组织坏死。

（2）迅速排除毒液。立即用凉开水、泉水、肥皂水或 1 ：5000 的高锰酸钾溶液冲洗伤口及周围皮肤，以洗掉伤口外表毒液。如果伤口内有毒牙残留，应迅速用小刀或碎玻璃片等其他尖锐物挑出，使用前最好用火烧一下消毒。以牙痕为中心作十字切开，深至皮下，然后用手从肢体的近心端向伤口方向及伤口周围反复挤压，促使毒液从切开的伤口排出体外，边挤压边用清水冲洗伤口，冲洗、挤压、排毒需持续 20 ~ 30 分钟。此后如果随身带有茶杯，可对伤口作拔火罐处理，先在茶杯内点燃一小团纸，然后迅速将杯口扣在伤口上，使杯口紧贴伤口周围皮肤，利用杯内产生的负压吸出毒液。如无茶杯，也可用嘴吮吸伤口排毒，但吮吸者的口腔、嘴唇必须无破损、无龋齿，否则有中毒的危险。吸出的毒液随即吐掉，吸后要用清水漱口。

排毒完成后，伤口要湿敷以利毒液流出。必须注意，蛇毒是剧毒物，只需极小量即可致命，所以绝不能因惧怕疼痛而拒绝对伤口切开排毒的处理。若身边备有蛇药可立即口服以解内毒。病人如出现口渴，可给足量清水饮用，切不可饮酒精类饮料以防毒素扩散加快。经过切开排毒处理的伤员要尽快用担架、车辆送往医院做进一步的治疗，以免出现在野外无法处理的严重情况。转运途中要消除病人紧张心理，保持安静。

在野外，为了避免被蛇咬伤中毒，应做好以下预防工作：

在野外时，尤其在夜间最好穿长裤、蹬长靴或用厚帆布绑腿。持木棍或手杖在前方左右拨草将蛇赶走，夜间行走时要携带照明工具，防止踩踏到蛇体招致咬伤。

选择宿营地时，要避开草丛、石缝、树丛、竹林等阴暗潮湿的地方。

在野外应常备解蛇毒药品以防不测。

2. 蝎子

蝎子是一种毒虫，通常只有几厘米长，但最长的可达 20 厘米。它的尾巴像一根粗粗的辫子，尾端有毒腺和毒针，蝎子用尾针蜇伤敌人，同时毒腺分泌毒液。

蝎子蜇伤局部可见大片红肿、剧痛,重者可出现寒战、发热、恶心、呕吐、流涎、头痛、昏睡、盗汗、呼吸增快及脉搏细弱等,儿童被蜇伤后严重者可因呼吸、循环衰竭而死亡。被蝎子蜇伤后,应该:

(1)迅速把伤口切开,然后用高锰酸钾溶液冲洗。

(2)对伤口部位进行冷敷,涂抹皮质激素软膏。

(3)如果是被毒性较大的蝎子蜇伤,要立刻送往医院,由医生注射特效抗毒素。

3.毒蜘蛛

毒蜘蛛大多表面颜色艳丽,所以在野外遇到"漂亮"的蜘蛛最好不要招惹它。若被咬伤,应该:

(1)要用绳子、手帕、裤带等扎紧伤口上方,同时每隔 15 分钟放松1 分钟。

(2)用消过毒的大号缝衣针和三棱针刺伤口周围,然后向外挤压伤口,这样可以排毒。

(3)用肥皂水冲洗患处,然后涂上小苏打糊剂。

(4)严重者应尽快送医院诊治。

蜘蛛一般没有太大的毒性,但有些蜘蛛如"黑寡妇",有剧毒。因此,不管是哪种蜘蛛,都不要因为好奇去"逗惹"它。

总之,在野外游玩,欣赏山水美景的同时,还要注意安全,不要因为玩而受到伤害。

第 048 件事

对突发性灾难有自救能力

也许现在你还在平静地生活，但灾难可能随时都会光顾，它往往来势汹涌，所以你现在就要掌握几种常规自救方法。

■ 火灾

事实证明，火灾是当今世界上多发性灾害中发生频率较高的一种灾害，也是时空跨度最大的一种灾害。

火灾发生时应该怎么办呢？

这个时候，千万不要惊慌失措，要冷静地确定自己所处的位置，并及时拨打火警电话 119，如果条件允许，应较详细地描述火势、燃烧物等。

根据周围的烟、火光、温度等分析判断火势，不要盲目采取行动。如果正好在人流多的地方，那么更不要"随波逐流"，盲目地跟随人流乱冲乱撞，一定要冷静下来，寻找最合适的逃身之道。

如果周围火势不大，应迅速离开火场。你可以用手背去接触房门，试一试房门是否已变热，如果是热的，千万不能打开，否则烟和火就会冲进室内；如果房门不热。火势可能还不大，通过正常的途径逃离房间是可能的。离开房间以后，一定要随手关好身后的门，以防火势蔓延。

如果火势很大，身处楼房时不要盲目开窗，也不要盲目乱跑，更不要跳楼逃生，你可以躲到居室里或者阳台上，并且紧闭门窗，隔断火路，等待救援。有条件的，可以不断向门窗上浇水降温，以延缓火势蔓延。

如果火势太猛，必须从楼房内逃生的，可以从二层处跳下，但要选择不坚硬的地面，同时应从楼上先扔下被褥增加地面的缓冲，然后再顺窗滑下，要尽量缩小下落高度，做到双脚先落地。另外，在有把握的情况下，可以将绳索（也可用床单等撕开连接起来）一头系在窗框上，然后顺绳索滑落到地面。

如果外出活动被困在商场等高楼里，应当利用周围一切可利用的条件逃生，记住要利用消防电梯、室内楼梯进行逃生，普通电梯千万不能乘坐。同时发生火灾时，商场可能会乱成一团，所以逃生时应紧紧地抓住楼梯扶手，以免被混乱的人群撞倒。另外，也可以利用阳台、过道以及建筑物外墙的水管进行逃生。而且，在进入商场等公共场所时，首先就要观察好紧急出口的方向及位置，并确定灭火器的位置。

如果在野外游玩时碰上火灾，一旦发现自己身处的森林着火了，应当使用沾湿的毛巾遮住口鼻，附近有水的话最好把身上的衣服浸湿，这样就多了一层保护。然后要判明火势大小、火苗延烧的方向，应当逆风逃生，切不可顺风逃生。

最后，无论你在火场中采取什么样的逃生方法，都要尽量采取保护措施，千万不要疲于奔命，导致身体被火苗烧伤，或者慌不择路，被浓烟迷了视线。

逃生时，有条件的最好用湿毛巾捂住口鼻，用湿衣物包裹身体。如果身上衣物着火，可以迅速脱掉衣物，或者就地滚动，以身体压灭火焰，还可以跳进附近的水池、小河中，将身上的火熄灭，总之要尽量减少身体烧伤面积，减轻烧伤程度。

我们应树立这样一个意识：能防范的火灾一定要从自我做起，从小事做起，让火灾在火星刚刚露头时就"胎死"腹中。当火灾发生时，一不能慌，二不能怕，相反，你应该充分运用你的生存智慧，在火海中寻得一条逃生路！

■ 地震

地震是一种可怕的灾难。

对人类来说，虽然天灾无法避免，但我们却有能力把握自己的命运，尽最大努力为自己争得一线生机。

科学研究指出，当一次地震袭来时，从你意识到"这是一次地震"到你完全被地震控制之间，你可以有 12 秒钟的时间，在这 12 秒钟内，应赶紧躲到最近的安全的地方。

请牢牢记住：在地震到来时，一定要保持镇静、避免惊慌，这才能制止你面临灾难时的异常反应，比如恐慌和乱跑，避免延误自救的最佳时机。

如果发生地震时，你在室内最好是就地避震。这时候应该蹲在桌子下，"蹲下"的姿势使自己能躲到桌子或写字台下，同时将一个胳膊弯起来护住眼睛不让碎玻璃击中，另一只手抓紧桌腿或写字台的一边。地震时在椅子之间蹲下也是安全的。

如果地震的时候，你正在室外，可原地不动蹲下，双手保护头部，注意避开高楼及附近高大建筑物，不要马上回到室内去。

如果发生地震的时候，你正在楼房里，要保持头脑清醒，迅速远离外墙及门窗。可选择厨房、浴室、厕所、楼梯间等开间小而不易塌落的空间避震。千万不要从楼上跳下，也不能使用电梯。因为事实证明，地震时一些严重伤亡者正是那些朝室外匆匆逃出的人。不可站立和蹦跳，要尽量降低重心。地震过后要迅速撤离，撤离时要走楼梯。

如果地震时你在平房里，应当尽量迅速跑出室外。来不及跑时可躲在桌子下、床下或紧挨墙根的坚固家具旁。趴在地上，闭口，用鼻子呼吸，保护要害，并用毛巾或衣物捂住口鼻，以隔挡呛人的灰尘。正在用火时，应随手关掉煤气开关或电门开关，然后迅速躲避。

如果发生地震时你在户外，就停留在户外，不要因为你的家人还在屋里，就冒着大地的抖动进屋去抢救，你要相信他们在屋里也会做好应急保护的。即使震后将家人压埋在废墟下，你在外面还可以及时抢救，将他们营救脱险。国内外很多震例表明：在地震发生的过程中，在短短的几十秒内，人们匆忙进入或离开建筑物时，砸死砸伤的概率最大。在户外的时候，要停留在开阔的地方，要远离可能掉下东西的建筑物或有高压电线的地方。

如果地震时，你正在影剧院、体育馆，这时候更要沉着冷静，特别是当场内断电时，不要乱喊乱叫，更不能乱挤乱拥，应就地蹲下或躲在排椅下，注意避开吊灯、电扇等悬挂物，等地震过后，听从工作人员指挥，有组织地撤离。

如果你正在商场、书店、展览馆等处，应选择结实的柜台、商品（如低矮家具等）或柱子边，以及内墙角处就地蹲下，用手或其他东西护头，避开玻璃门窗和玻璃橱窗、高大的货架、广告牌等，也可在通道中蹲下，等待地震平息，有秩序地撤离。

地震时，如已被砸伤或埋在倒塌物下面，应先观察周围环境，寻找通道，千方百计想办法出去。若无通道，则要保存体力，不要大喊大叫，要静听外面的动静。如听到有人走过的声音，可敲击铁管或墙壁使声音传出去，以便求得救援。同时要在狭小的空间里，寻找食物维持生命，创造生存条件，耐心等待救援。

面对不可预测的灾难，你要记住：这个时候进行自救就是一项与死神争分夺秒的斗争。自救才能让你再一次看到蓝天白云，自救才能让你的生命之帆在灾害面前经过"暂停"后，继续向前！

■ 电梯故障

现代社会的高楼大厦越来越多，教学楼、住宅楼、写字楼一般都有电梯，没有谁宁愿爬 18 层的楼梯而舍弃电梯的方便。电梯的危险一般来自于停电和人的主观不安全行为，特别是在安装、使用、维护、保养过程中，违反安全操作规范，从而导致电梯保护功能失效，或有关人员（如检验人员）责任心不强，技术水平低，不能及时发现问题、解决问题而使电梯带"病"运行。但电梯轿厢有很多安全绳，有防坠装置，有缓冲器，因此它的安全系数是很高的，电梯内的人是不会受到身体伤害的，不必担心害怕。

一旦被困在电梯里，最重要的是保持镇静，并立刻利用警铃或对讲机求救。在呼救无援的情况下，最安全的做法是保持镇定，保留体力，等待救援。切记不要从电梯轿厢上的安全窗爬出。

国外某城市曾发生一起电梯下坠事故：一幢高层公寓楼的一间电梯载人下行时突然失控下坠。从10楼直接坠到底层，导致3人死亡，2人严重受伤。但有一青年竟然毫发未损，只受了点惊吓，身体未受伤害。事后，他说：当电梯突然无法控制地急速下坠时，电梯里的其他人顿时惊声尖叫，手足无措，他则迅速扶住把手，弯下身子，踮起脚跟，紧盯着楼层显示器，在将显示为"1"时，他猛然往上弹跳，才幸免于难。

电梯发生故障而停驶时，如使用轿厢内的警铃和对讲机仍找不到救援人员时，则要平心静气，切莫烦躁，保存好体力，以等待救援。电梯故障导致的一个结果是急速下坠，这时，就需要学会一些保护自己的方法，因为你不知道电梯何时会着地，电梯坠落时很可能会导致里面的人全身骨折而死。电梯下坠时要赶快把每一层楼的按键都按下，不管有几层楼，因为当紧急电源启动时，电梯可以马上停止继续下坠；如果电梯里有把手，一只手紧握把手，以固定你所在的位置，让你不会因为重心不稳而摔伤；整个背部跟头部紧贴电梯内墙，呈一直线，这是为了使用电梯墙壁作为脊椎的防护；膝盖呈弯曲姿势是最重要的。因为韧带是人体唯一富含弹性的一个组织，所以借用膝盖弯曲来承受重击压力，比单纯骨头来承受压力要好得多。

要在电梯发生故障时，有效地保护自己，还要注意以下几点：

（1）发现电梯运行异常或有焦煳味时，应及时使电梯停止运行并通知维修人员。

（2）电梯运行中出现故障不能正常开门时，不要惊慌，不要尝试自行从电梯天窗等处爬出电梯，可用电梯内的电话求援。

（3）如无电话，可拍门叫喊，或用鞋子等物品敲门；若实在没有人回应，最安全的做法是保持镇定，保存体力，等待救援。

（4）电梯不可控制地下坠时，首先使膝盖呈弯曲姿势，踮起脚后跟，一只手紧握手把，整个背部跟头部紧贴电梯内墙，呈一直线，再把每一层楼的按键全部按下。

（5）当电梯急速下降时，眼睛紧盯楼层显示器，看到它将要显示为"1"时，猛然向上一跳，可缓解冲击力，避免撞伤。

第 049 件事

拥有一种有益的终身爱好

　　一个人在自己的生命里，有没有兴趣爱好，结果是大不相同的。怀有浓烈的兴趣爱好，可以感受到生命的可贵可爱，可以化为精神的欢悦，反之，就难觅生活的乐趣。

　　早在古代，人们就有兴趣爱好，如古埃及人以玩木球游戏为爱好，而一些希腊人和罗马人则以收集袖珍型士兵塑像为爱好。当今，随着科学技术的发展，人们对兴趣爱好还呈现多样化的趋势。只要是人们喜欢做的事情，都可以成为一种爱好，不论是收集邮票、编织图案，还是种花养草。

　　如果你拥有一种终身爱好，那么它很可能就此内化成你生命的一部分，让你的生命更加丰富、多彩。

■ 兴趣爱好为人生添色

　　兴趣爱好，给人们带来娱乐和知识。譬如嗜好收集古玩的人，常常要为新的古玩找到个存放的地方，查阅书籍进行一番考证等等。把自己收藏的古玩拿出来观赏，也是一大乐事。

　　兴趣爱好，有助于获取知识。世界上有许多做出杰出贡献的伟人，不少是从兴趣开始的。浓厚的兴趣，让达尔文把甲虫放进嘴里，让魏格纳一生中 4 次去格陵兰探险，让达·芬奇不顾教会的反对连续解剖许多尸体……爱因斯坦四五岁时，就对指南针发生兴趣，他长时间摆弄它，心想那小针为什么总是指着同一方向。他还能一次又一次不厌其烦地搭积木，直到把又高又尖的"钟楼"搭好为止。正是这种浓烈的兴趣和伴之而来的思索、追求，使他成为近代伟大的物理学家。著名学者郭沫若曾经说过："兴趣爱好也有助于天才的形成。爱好出勤奋，勤奋出天才。兴趣能使我们的注意力高度集中，从而使得人们能完善地完成自己的工作。"牛顿就是从一只苹果落地，发现了万有引力定律的。日本著名企业家土光敏夫，在他《经营管理之道》一书中写道："能否成为一个有作为的企业家，关键之一在于你是怎样度过业余时间的。"由此可见，兴趣爱好是构成学习动机的最具实际意义的因素，是学习的一种动力。

再如集邮，当你欣赏邮品时，就会从中得到知识和启迪。有了兴趣爱好，就有了同人交往的"触点"，兴趣广泛，接触的媒介就多，结果由此结识了与自己有同样爱好的人，彼此交流就多了一个朋友。在与朋友们的交往中，一个人会开阔视野，扩大知识面，使情感有所寄托。

■ 兴趣爱好促进身体健康

兴趣爱好是情绪的润滑剂。月有阴晴圆缺，人有喜怒哀乐。一个人有快乐的时候，当然也会有不快乐甚至痛苦的时候。要消除不快与痛苦，无非两种办法：一是外泄法，即把不快与痛苦通过发脾气、找人倾诉等方法发泄掉；二是内消法，也就是把不快与痛苦自我消化掉。德国音乐家梅亚贝，有一次和妻子吵架，场面有些不可收拾，这时忽见梅亚贝坐到钢琴前，弹起他喜爱的乐曲来。他选择弹琴，一则是为了分散自己对坏情绪的注意力，让自己冷静下来；二则也是让快乐的乐曲转化自己的情绪。结果乐曲未终，他的妻子也为优美的乐曲所感染，情不自禁地坐到他身边，为他轻声伴唱，使得眼前一场一触即发、硝烟弥漫的"内战"平息下来。

人的心情愉悦了，对于身体健康也有极大的促进作用。

有许多人通过兴趣爱好来养生，比如张学良钓鱼、毛泽东爱好游泳、凡尔纳热爱读书等。

这些伟大人物都巧妙地利用爱好丰富了自己的生活，促进了身心健康，他们的做法，值得我们仿效。

■ 培养有益的终身爱好

爱好是可以培养的，下面几种兴趣爱好对人都十分有益。在这里简单介绍一下，仅供参考：

1. 读书

苏东坡说："腹有诗书气自华。"衣着，赋予你外在的美；读书，才能常给你气质的美。拥有了书，生命也就有了寄托。

托尔斯泰酷爱博览群书。在他的私人藏书室，参观者可以看见 13 个书橱，里面珍藏着 23000 多册 20 多种语言的书籍。这些藏书为他的创作，提供了大量的原始材料。据说，他喜欢把书借给别人看，与他人共享读书的快乐。

读书，是一种美丽的行为。在读书中，天上人间，尽收眼底；五湖四海，就在脚下；古今中外，醒然可观。读书，让我们懂得什么是真、善、美，什么是假、恶、丑；读书，让我们丰富了自己，升华了自己，突破了自己，完善了自己。

读书至少会给人带来 3 个方面的益处：

（1）读书让我们丰富自身的知识。书籍是我们认识现实的桥梁，书籍使我们脱离蒙昧走向文明。通过读书我们可以上知天文下晓地理，可以穿越时间隧道去体验春秋战国时代的连绵战火，观望盛唐的繁荣。读凡尔纳、柯南道尔的小说能把我们提前带入缥缈而又精彩的未来世界。

（2）读书能够提升我们的思想境界。书籍是一面镜子，作者在书中表现出坚毅的品性，开阔的胸襟，积极的志向，通过阅读我们可以照见自己的缺点，日复一日地阅读下去，我们被书籍潜移默化，我们逐渐形成全新的道德观念和行为准则。同时，读书是一个读者与作者交流的过程，我们在阅读中进入了作者的心灵世界，在不断汲取的同时还要学会扬弃，这样读书就变成了积极地参与。

（3）书籍给我们的人生以有益的启示。一本好书就像一个掘宝人，能开采出隐藏在我们心中的宝藏，要是我们能碰到掘宝人的话，大多数人心中都有可供采掘的宝藏。我们在书里常常发现我们想到的和感受到的，只是我们没有表达出来而已。读书唤醒我们潜在的能力，在书里我们认识了自己。

2．品茶

年轻人喜欢喝茶，因为茶比任何饮料都解渴。烈日当头，口渴难耐时，端起一碗凉茶，一饮而尽，是何等的惬意，何等的痛快！老年人喜欢喝茶，因为他们能从中品出人生的滋味，茶能让他们回忆起往昔的酸甜苦辣。

茶如人生，闻之则香味扑鼻，入口则是苦的，但仔细品味，却又有一股香甜之气从口至舌，至喉，至嗓，久久萦绕。

巴利说："人生像一杯茶，若一饮而尽，会提早见到杯底。"所以喝茶重在品，如能品出茶的种类便高出一般，如能品出茶的出处更是不凡，最是不凡者能从茶的轻淡厚重中品出茶出自何人之手，是年轻的小姑娘，还是年过半百的长者。饮茶重在那份情趣。泡一壶淡茶，静坐看山，或独步寻芳，慢慢揭开悠长的寂静。喝着茶，对着山，对着树，对着雾，春去也，秋去也，冬去也，连太阳的血色也褪尽了，品着苦涩后的香醇，蓦然抬头，似乎从中体味出了人生的真正内涵。

喝茶又不能太过讲究。日本人喝茶讲究茶道，据说完整的茶道会有三段十八步，什么"沐淋瓯杯"，什么"茶海慈航"，什么"杯里观色"等等，不一而足。中国人喝茶不太讲究，紫砂壶也可，瓷壶也行，玻璃杯可以，大粗碗照样，中国才是真正懂得茶的国家。喝茶不能为茶所困，太过讲究，这样反而被束缚。

3．欣赏音乐

音乐是一种听觉艺术，是一种人类共有的语言。它来源于生活，为我们的情感服务。科学研究证明：听合适的音乐，可以优化人的性格，平稳人的情绪，提高人的修养品位，甚至有养生保健、延年益寿的神奇功效。

烦恼时听听音乐，能重新燃起生活的热情，唤起人们对美好生活的回忆和憧憬，使人心理趋于平静，心绪得到改善，精神受到陶冶。

值得我们培养的兴趣爱好还有很多，比如游泳、下棋、绘画、书法等等，不一而足，可以根据自身的情况自由选择，只要是对身心健康有益的兴趣爱好，都值得我们用心培养。

第 050 件事

在平凡的生活中制造一点浪漫情趣

　　走过热恋的缘分天空，每个人都要在婚姻的隧道里经受考验。这段短暂而漫长的旅程，让许多人冷却了以往的激情，失去了继续携手的勇气。婚姻在不少人的眼里，像一块难以取舍的"鸡肋"，食之无味，弃之可惜。

　　很多走进"围城"的男女都曾面临类似的境况，但这种状况并不是无法改变。比如：在平凡的生活中制造一点浪漫情趣就是一种有效的方法。

■ 享受生活中每一点小小的喜悦

　　如果你想培养双方对婚姻的热情，就需要从早晨做起，从改变你的起床方式做起。

　　闹钟响时，一般人会呻吟一下，拍一拍脸说："喔，不！不要告诉我现在是起床的时间了，我觉得还是躺着好。"许多人每天开始时，就把它当成是昨天的继续，其实他们并不喜欢昨天。用这种方式开始，毫无疑问地，会使不好的一天紧接着另一个不好的一天。但是有一种更好的方法，会产生更好的结果。

　　早上闹钟响时，伸手把它关掉，然后立刻坐起来，双手拍掌，并且对你的爱人说："这是美好的一天，我要尽量多利用这个世界所提供的各种机会。"

　　既然你已经起床，要去淋浴了，如果没有小孩在睡觉的话，你还可以在浴室中高歌一曲。你不必借口说："我不会唱歌。"你唱的声调与才能并不重要，重要的是唱歌这件事。唱到兴头时便不会消极。美国著名心理学家威廉·詹姆斯说："我们不唱歌是因为我们不快乐，我们快乐是因为我们唱歌。"

你还能做到下一步，当你进入餐厅等早餐时，拍几下桌子，并说："亲爱的，你煮的牛奶、鸡蛋和煎午餐肉，正是我希望你准备的早餐。"即使你在过去365天每天都吃同样的早餐，一件有趣的事仍会发生。最重要的是，她会十分惊奇地看着你，而惊奇本身很有价值。即使早餐并不真的那么好，她也会在明天做得更好。

有一位老师教小学生写作文，题目是"快乐是什么？"一个小女孩写道："快乐就是在寒冷的夜晚钻进厚厚的被子里去。快乐就是，让自己快乐。"是的，快乐就是让自己快乐。

历史学家维尔·杜兰特希望在知识中寻找快乐，却只找到幻灭；他在旅行中寻找快乐，却只找到疲倦；他在财富中寻找快乐，却只找到纷乱忧虑；他在写作中寻找快乐，却只找到身心疲惫。有一天，他看见一个女人在车站等人，怀中抱着一个熟睡的婴儿。一个男人从火车上走下来，走到那对母子身边，温柔地亲吻女人和她怀中的婴儿，小心翼翼地不敢惊醒他。这一家人然后开车走了，留下杜兰特深思地望着他们离去的方向。他猛然惊觉，原来日常生活的一点一滴都蕴藏着快乐。

挖掘出这些快乐，并与你的伴侣一起分享，就是你要做的事。

■ 营造浪漫情调

营造浪漫，不一定要赤裸裸地说"我爱你!"真正的浪漫，不着痕迹，却让人意外与惊喜。

罗拉·艾伦曾深情地回忆起她祖父母间的浪漫情事：

祖父母已经结婚半个世纪。自从相遇的那刻起，他们一直玩着属于他们自己的游戏。他们的游戏是将"shmily"写在一个特别的地方，让对方在不经意时突然看见。祖父母轮流在房子里制造"shmily"，发现的人就另想一个留下"shmily"的地方。

有时他们用手指沾着糖或面粉，将"shmily"写在糖罐或面粉罐上，等下一个准备用餐的人发现。有时他们又用窗户上的雾气写下"shmily"，等下一个站在窗边往外望去的人发现。"shmily"也有可能是泡热澡后，留在镜子上的水汽。有一次，祖母更是费尽力气将整卷卫生纸卷到最底处，只为了将"shmily"写在最后一节卫生纸上。他们的游戏没完没了，"shmily"随时会出现。在车内仪表板、座位或方向盘上都可以瞧见小小的便条纸上草草地签着"shmily"，或塞在鞋内，或留在枕头底下。"shmily"这神奇的字眼已成为祖父母家中家具摆设的一部分了。

我不是一开始就能理解他们的玩意儿。经过了好长一段时间，我才开始明白且欣赏他们的游戏。虽然，对真爱一直存疑的我，无法相信世上真有纯真、永久的爱，但我从未怀疑祖父母间的情感。他们的感情不仅仅是那打情骂俏的小游戏，而是一种生活方式。他们的关系建立于相互付出与热切的情感中，然而，这不是每个人都可以如此幸运地经历到的。

他们不放过每个可以牵对方手的机会。因为厨房的空间不够大，如果两个人都在厨房里，相互的碰撞总是难免的，然而他们却抓住每次相撞的机会偷吻对方。他们帮彼此讲完对方想说的话，分享每日猜字游戏的答案。祖母老是悄悄地跟我说我的祖父有多么可爱、多么英俊。每次用餐前，他们彼此鞠躬，互表谢意，感谢上帝让他们拥有彼此、可爱的家人及足够的金钱，赐给他们这样的好福气。

然而，不幸的是我祖母患了乳腺癌，首次出现症状是在 10 年前。一如往常地，祖父陪伴着祖母度过每个与癌症奋战的日子。当祖母病重无法出门时，祖父则在他们黄色的房间里安抚她的情绪。将房间漆成黄色，是要让祖母每天可以感受到阳光的温暖。

后来，癌症又再度侵袭祖母的身体。拄着拐杖，再加上祖父的扶持，每个星期日他们仍然不断地上教堂做礼拜。然而，祖母的身体一天天消瘦，直到最后，再也无法出门。祖父则单独一个人上教堂做礼拜，祈祷上苍帮助他的妻子。然而，可怕的事终究还是发生了——祖母走了。

在祖母的葬礼上，字迹潦草的黄色的"shmily"写在每束花的粉红色彩带上。许多人来参加葬礼。当送走最后一位送葬者后，我的姑妈、叔叔们及每位在场的亲戚都围绕着祖父坐了下来。祖父走向祖母身边，激动的他呼吸略带着颤抖，祖父为祖母唱起歌来，混着眼泪与悲伤，那是一首深沉、沙哑的摇篮曲。

我知道祖母去世的悲伤将随时间淡去，但我永远无法忘记那一刻。在那一刻，我终于明白，他们的爱是无法衡量的。然而，我何其有幸可以目睹爱情那无可比拟的美。

S—h—m—i—l—y (See How Much I Love You)：让你知道我有多爱你。

营造浪漫需要你有独特的创意，用心去创造浪漫的机会吧！你会发现这对你的婚姻保鲜有很大帮助。

■ 把握浪漫的细节

在生活的一些细节之处，埋藏着浪漫的种子，这需要你去寻找和创造：

1. 送上细心而温馨的体贴

什么时候你最需要一杯热茶或热咖啡？

工作了一天，刚刚进门，身心俱疲的时候；受了一些挫折，心情不太好的时候；不为什么，只是想一个人静一静的时候……如果你在这种时刻需要握一杯热茶（咖啡）在手中，那么对方一定也喜欢这样。

不要等对方开口，你就为对方端来一杯热茶（咖啡），然后离开，让对方独处。如果对方在卧房或书房，那就帮对方轻轻地把门带上。

这种贴心的照顾，不是最爱对方的人怎么做得到呢？

茶的浓淡、咖啡要不要加糖或伴侣，大概是你最能掌握的吧！此时切忌絮絮叨叨地问对方"要茶还是咖啡？""咖啡要加糖吗？""要不要伴侣？""你要喝什么茶？香片？乌龙？绿茶？普洱？铁观音？"干吗？你开茶艺馆啊？疲惫的人或心绪不佳的人，实在没有多余的心力管这么多。你就照平常的方式做好了。那杯茶（咖啡）的内容如何其实并不重要，重要的是它所象征的体贴和关怀啊！

2. 制造美丽的意外

你知道对方每天的路径吗？什么地方是对方可能经过或出现的地方呢？公司唯一的电梯口？对方习惯泊车的那个停车场？公交车站牌？

如果你有把握，大概几点钟，对方会在哪个地方出现，你便可以偶尔给对方这种惊喜——好好地策划一番，和对方不期而遇，把自己当作礼物，"送"到对方面前。

你甚至可以玩这样的游戏：快下班时在对方公司附近的街角打电话给对方，但别告诉对方你在哪里，最好让对方误以为你在家里。等对方走出公司，赫然发现你在对方面前，那种惊喜是很戏剧性的。

不过，这种游戏大概只能够玩一次，太经常，对方就没有这么好"骗"，也没这么惊喜了。而且，这种惊喜不一定要安排在生日那天，可以只是两个人想出去吃顿饭、独处一下的时候，甚至也可以是"哪里都不想去，只想一起结伴回家"的时候。

同样的惊喜也可以安排在飞机场、火车站。你没有说要去接对方，却突然出现，对方一定非常感动。

3．制造一份幸福感

当你的爱人洗完头，湿淋淋地走出浴室的时候，你会做什么？视若无睹？丢给他一条毛巾？或者帮他把头发吹干？

如果你能拎一条干毛巾，亲自为他擦拭，再用吹风机帮他吹干头发，你的爱人一定会觉得自己很幸福。

吹头发的时候，一手拿着吹风机，一手要把湿头发弄松、拨开、吹出好看的发型……做这个亲昵的工作，你一定得"近距离"操作，而且有肌肤之亲。于是，就这么挨挨碰碰、磨磨蹭蹭，你说怎能不亲密呢！

如果你的爱人一向自己吹干头发，你可以问："今天你要不要洗头？我可以帮你吹喔！"

你的爱人可能不敢相信自己那么幸福，说不定他会假意地推辞一番："不用啦！"不过，通常只要你坚持一下，他就会乖乖地"就范"，而且还会在心里对你产生几分好感。

4．永远谈情说爱

婚姻，需要同样的用心。也就是必须下定决心与你的伴侣谈一辈子恋爱。亲密关系想要长久，就必须一周至少有一次"约会夜"。在"约会夜"里，夫妻无论如何要单独相处在一起。每隔 3 个月，至少要有一次是两个人共度周末。接下来就是一年计划一个假期。有人会说，这对有钱有闲又没有孩子的人，是个好主意，可是"我"的情况不同。不错，这很难。但是，必须把这个"假期"作为未来生活的一项投资。假使现在不肯"投资"为自己的家庭维护一份稳定的亲密关系，日后很可能得花上更多的金钱和时间，才能弥补心中那份不安全的感觉。对于双职生涯的夫妇而言，金钱不是最大的难题，主要是牺牲亲子时间可能引起的自责和内疚，特别是在已经觉得对子女疏于照顾的情况下。可是别忘了，夫妻愈恩爱，婚姻关系愈坚固，子女才会愈幸福。父母给孩子最重的礼物莫过于一个和睦的家庭。度一次假的费用与婚姻"生病"，或是离婚的代价是无法比拟的。